见识城邦

更新知识地图　拓展认知边界

BIG HISTORY

万物大历史

人类是怎样进化的

[韩]金汉胜 [韩]李孝根 著 [韩]宋东根 绘 韩晓 译

中信出版集团 | 北京

图书在版编目（CIP）数据

人类是怎样进化的 /（韩）金汉胜，（韩）李孝根著；
（韩）宋东根绘；韩晓译 . -- 北京：中信出版社，
2022.5
（万物大历史；11）
ISBN 978-7-5217-3689-2

Ⅰ. ①人… Ⅱ. ①金… ②李… ③宋… ④韩… Ⅲ.
①人类进化－少年读物 Ⅳ. ① Q981.1-49

中国版本图书馆 CIP 数据核字（2021）第 216062 号

人类是怎样进化的
著者： [韩]金汉胜　[韩]李孝根
绘者： [韩]宋东根
译者： 韩晓
出版发行：中信出版集团股份有限公司
　　　　　（北京市朝阳区惠新东街甲 4 号富盛大厦 2 座　邮编　100029）
承印者： 天津丰富彩艺印刷有限公司

开本：880mm×1230mm 1/32　　　印张：6　　　字数：106 千字
版次：2022 年 5 月第 1 版　　　　印次：2022 年 5 月第 1 次印刷
京权图字：01-2021-3959　　　　　书号：ISBN 978-7-5217-3689-2
　　　　　　　　　　　　定价：58.00 元

大历史是什么？

为了制作"探索地球报告书"，具有理性能力的来自织女星的生命体组成了地球勘探队。第一天开始议论纷纷。有的主张要了解宇宙大爆炸后，地球是从什么时候、怎样开始形成的；有的主张要了解地球的形成过程，就要追溯至太阳系的出现；有的主张恒星的诞生和元素的生成在先，所以先着手研究这个问题。

在探索过程中，勘探家对地球上存在的多样生命体的历史产生了兴趣。于是，为了弄清楚地球是在什么时候开始出现生命的，并说明生命体的多样性和复杂性，他们致力于研究进化机制的作用过程。在研究过程中，他们展开了关于"谁才是地球的代表"的争论。有人认为存在时间最长、个体数最多、最广为人知的"细菌"应为地球的代表；有人认为亲属关系最为复杂的白蚁才是；也有人认为拥有最强支配能力的智人才是地球的代表。最终在细菌与人类的角逐战中，人类以微弱的优势胜出。

现在需要写出人类成为地球代表的理由。地球勘探队决定要对人类怎样起源、怎样延续、未来将去往何处进行调查和研究，找出人类的成就以及影响人类的因素是什么，包括农耕、城市、帝国、全球网络、气候、人口增减、科学技术和工业革命等。那么，大家肯定会好奇：农耕文化是怎样促使人类的生活产生变化的？世界是怎样连接的？工业革命是怎样改变人类历史的？……

地球勘探队从三个方面制成勘探报告书，包括："从宇宙大爆炸到地球诞生"、"从生命的产生到人类的起源"和"人类文明"。其内容涉及天文学、物理学、化学、地质学、生物学、历史学、人类学和地理学等，把涉及的知识融会贯通，最终形成"探索地球报告书"。

好了，最后到了决定报告书标题的时间了。历尽千辛万苦后，勘探队将报告书取名为《大历史》。

外来生命体？地球勘探队？本书将从外来生命体的视角出发，重构"大历史"的过程。如果从外来生命体的视角来看地球，我们会好奇地球是怎样产生生命的、生命体的繁殖系统是怎样出现的，以及气候给人类粮食生产带来了哪些影响。我们不禁要问："6 500 万年前，如果陨石没有落在地球上，地球上的生命体如今会怎样进化？""如果宇宙大爆炸以其他细微的方式进行，宇宙会变成什么样子？"在寻找答案的过程中，大历史产生了。事实上，通过区分不同领域的各种信息，融合相关知识，并通过"大历史"，我们找到了我们想要回答的"宇宙大问题"。

大历史是所有事物的历史，但它并不探究所有事物。在大历史中，所有事物都身处始于 137 亿年前并一直持续到今天的时光轨道上，都经历了 10 个转折点。它们分别是 137 亿年前宇宙诞生、135 亿年前恒星诞生和复杂化学元素生成、46 亿年前太阳系和地球生成、38 亿年前生命诞生、15 亿年前性的起源、20 万年前智人出现、1 万年前农耕开始、500 多年前全球网络出现、200 多年前工业化开始。转折点对宇宙、地球、生命、人类以及文明的开始提出了有趣的问题。探究这些问题，我们将会与世界上最宏大的故事相遇，宇宙大历史就是宇宙大故事。

因此，大历史不仅仅是历史，也不属于历史学的某个领域。它通过开动人类的智慧去理解人类的过去和现在，它是应对未来的融合性思考方式的产物。想要综合地了解宇宙、生命和人类文明的历史，就必然涉及人文与自然，因此将此系列丛书简单地划分为文科和理科是毫无意义的。

但是，认为大历史是人文和科学杂乱拼凑而成的观点也是错误的。我们想描绘如此巨大的图画，是为了获得一种洞察力，以便贯穿宇宙从开始到现代社会的巨大历史。其洞察中的一部分发现正是在大历史的转折点处，常出现多样性、宽容开放、相互关联性以及信息积累的爆炸式增长。读者不仅能通过这一系列丛书，在各本书也能获得这些深刻见解。

阅读和学习"万物大历史"系列丛书会有什么不同呢？当然是会获得关于宇宙、生命和人类文明的新奇的知识。此系列丛书不是百科全书，但它包含了许多故事。当这些故事以经纬线把人文和科学编织在一起时，大历史就成了宇宙大故事，同时也为我们提供了一个观察世界、理解世界的框架。尽管想要形成与来自织女星的生命体相同的视角可能有点困难，但就像登上山顶俯瞰世界时所看到的巨大远景一样，站得高才能看得远。

但是，此系列丛书向往的最高水平的教育是"态度的转变"，因为通过大历史，我们最终想知道的是"我们将怎样生活"。改变生活态度比知识的积累、观念的获得更加困难。我们期待读者能够通过"万物大历史"系列丛书回顾和反省自己的生活态度。

大历史是备受世界关注的智力潮流。微软的创始人比尔·盖茨在几年前偶然接触到了大历史，并在学习人类史和宇宙史的过程中对其深深着迷，之后开始大力投资大历史的免费在线教育。实际上，他在自己成立的 BGC3（Bill Gates Catalyst 3）公司将大历史作为正式项目，之后还与大历史企划者之一赵智雄的地球史研究所签订了谅解备忘录。在以大卫·克里斯蒂安为首的大历史开拓者和比尔·盖茨等后来人的努力下，从2012年开始，美国和澳大利亚的70多所高中进行了大历史试点项目，韩国的一些初、高中也开始尝试大历史教学。比尔·盖茨还建议"青少年应尽早学习大历史"。

经过几年不懈努力写成的"万物大历史"系列丛书在这样的潮流中，成为全世界最早的大历史系列作品，因而很有意义。就像比尔·盖茨所说的那样，"如今的韩国摆脱了追随者的地位，迈入了引领国行列"，我们希望此系列丛书不仅在韩国，也能在全世界引领大历史教育。

李明贤　　赵智雄　　张大益

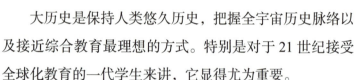

祝贺"万物大历史"
系列丛书诞生

　　大历史是保持人类悠久历史，把握全宇宙历史脉络以及接近综合教育最理想的方式。特别是对于 21 世纪接受全球化教育的一代学生来讲，它显得尤为重要。

　　全世界范围内最早的大历史系列丛书能在韩国出版，并且如此简洁明了，这让我感到十分高兴。我期待韩国出版的"万物大历史"系列丛书能让世界其他国家的学生与韩国学生一起开心地学习。

　　"万物大历史"系列丛书由 20 本组成。2013 年 10 月，天文学者李明贤博士的《世界是如何开始的》、进化生物学者张大益教授的《生命进化为什么有性别之分》以及历史学者赵智雄教授的《世界是怎样被连接的》三本书首先出版，之后的书按顺序出版。在这三本书中，大家将认识到，此系列丛书探究的大历史的范围很广阔，内容也十分多样。我相信"万物大历史"系列丛书可以成为中学生学习大历史的入门读物。

　　大历史为理解过去提供了一种全新的方式。从 1989

年开始，我在澳大利亚悉尼的麦考瑞大学教授大历史课程。目前，在英语国家，大约有50所大学开设了大历史课程。此外，在微软创始人比尔·盖茨的热情资助下，大历史研究项目团体得以成立，为全世界的青少年提供免费的线上教材。

如今，大历史在韩国备受关注。2009年，随着赵智雄教授地球史研究所的成立，我也开始在韩国教授大历史课程。几年来，为促进大历史在韩国的传播，我们付出了许多心血，梨花女子大学讲授大历史的金书雄博士也翻译了一系列相关书籍。通过各种努力，韩国人对大历史的认识取得了飞跃式发展。

"万物大历史"系列丛书的出版将成为韩国中学以及大学里学习研究大历史体系的第一步。我坚信韩国会成为大历史研究新的中心。在此特别感谢地球史研究所的赵智雄教授和金书雄博士，感谢为促进大历史在韩国的发展起先驱作用的李明贤教授和张大益教授。最后，还要感谢"万物大历史"系列丛书的作者、设计师、编辑和出版社。

2013年10月

大历史创始人　大卫·克里斯蒂安

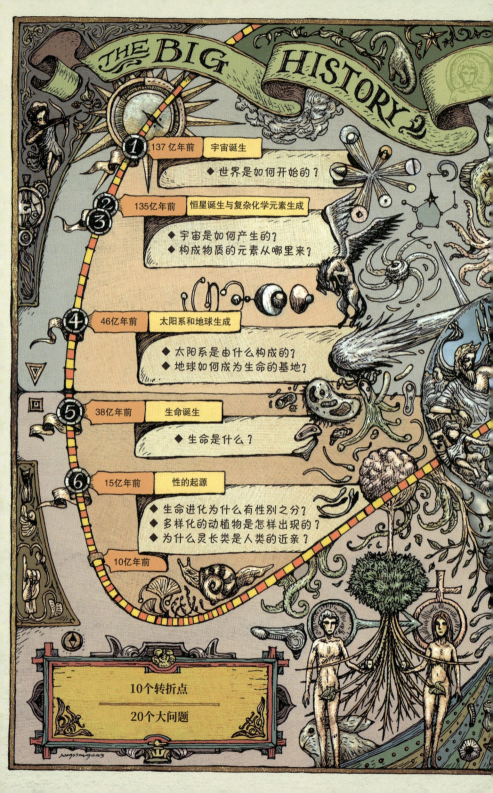

THE BIG HISTORY

① 137 亿年前　宇宙诞生

◆ 世界是如何开始的？

② ③ 135亿年前　恒星诞生与复杂化学元素生成

◆ 宇宙是如何产生的？
◆ 构成物质的元素从哪里来？

④ 46亿年前　太阳系和地球生成

◆ 太阳系是由什么构成的？
◆ 地球如何成为生命的基地？

⑤ 38亿年前　生命诞生

◆ 生命是什么？

⑥ 15亿年前　性的起源

◆ 生命进化为什么有性别之分？
◆ 多样化的动植物是怎样出现的？
◆ 为什么灵长类是人类的近亲？

10亿年前

10个转折点

20个大问题

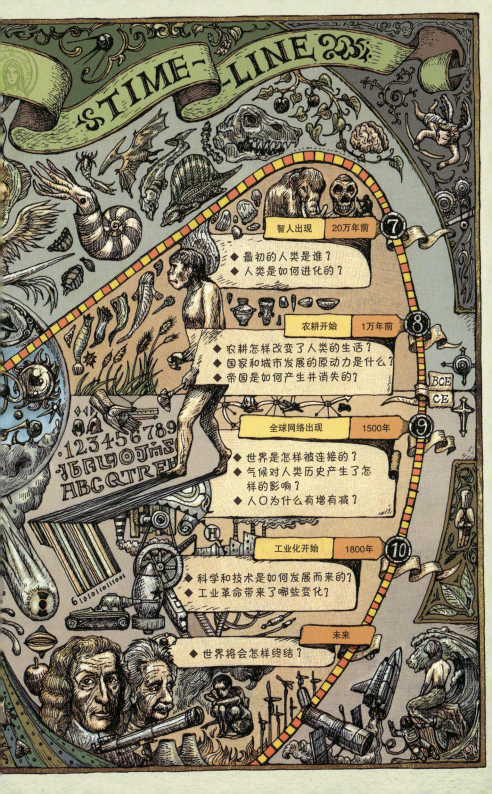

TIME-LINE 2035.

| 智人出现 | 20万年前 | ⑦ |

◆ 最初的人类是谁？
◆ 人类是如何进化的？

| 农耕开始 | 1万年前 | ⑧ |

◆ 农耕怎样改变了人类的生活？
◆ 国家和城市发展的原动力是什么？
◆ 帝国是如何产生并消失的？

BCE
CE

| 全球网络出现 | 1500年 | ⑨ |

◆ 世界是怎样被连接的？
◆ 气候对人类历史产生了怎样的影响？
◆ 人口为什么有增有减？

| 工业化开始 | 1800年 | ⑩ |

◆ 科学和技术是如何发展而来的？
◆ 工业革命带来了哪些变化？

| 未来 |

◆ 世界将会怎样终结？

目录

人类真的独一无二吗？

大脑的进化和意识的诞生

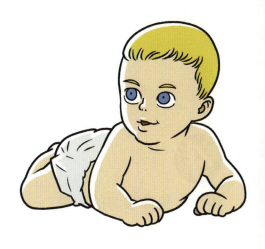

心理适应与社会性进化

 拓展阅读

语言与集体学习的力量

文化基因——模因与从容的适应能力

超越智人

 拓展阅读

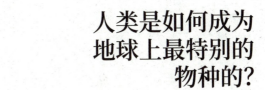

人类是如何成为地球上最特别的物种的？

引言

观看人造卫星拍摄的地球夜景，我们发现人类聚居的欧洲、北美、东亚地区灯火通明，而还未开发或无人居住的地区则漆黑一片。其实，自 46 亿年前地球诞生，往后的数十亿年里，地球的夜晚都被黑暗覆盖，直到人类作为灵长类的一支，从生命之树上延伸出来。

几百万年后的 19 世纪，人类才发明了电灯。而在此后不到 150 年的时间里，地球的夜晚就因人类使用了无数电灯而变得明亮闪耀。那么，白天的地球是什么样子的呢？高楼林立的城市经济发达，郊区分布着广阔的农田和工厂。这样被分隔的人类生活空间又由无数道路和铁路等连成一个网络。目前，地球上存在多个物种，没有一个像人类这样能将地球整体开发成一个生活的空间。

人造卫星拍摄的地球夜景

　　人类并不是从一开始就是特别的。距今大约 600 万年前，从树上下来，开始用双脚行走的人类祖先与今天的类人猿几乎没有区别。黑猩猩、大猩猩、倭黑猩猩等人类的

近亲，占据着食物丰富的密林，数百万年间固守着自己的
生活方式，几乎没有发生过改变。但来到开阔的热带草原
的人类祖先，很难按照其他类人猿的方式生存。在难以将

自己隐藏起来避免天敌袭击的严酷环境中，人类祖先关闭着的基因一个个被打开，并慢慢地开始进化。

一直以来，我们在包括非洲在内的地球全境寻找人类的足迹。从 400 万年前用双脚穿越非洲热带草原的南方古猿，到 250 万年前最早开始使用工具的能人，再到 190 万年前开始用火烤肉吃的直立人，70 万年前出现的与我们的脑容量最相近的海德堡人，还有 40 万年前生活在严酷气候环境中的尼安德特人，再加上 20 万年前出现的人类的祖先智人——从考古学到分子生物学，各个领域的研究者都在努力探索人类的起源。根据从化石、骨片、石片以及洞窟壁画中找到的线索，我们可以证明地球上曾经存在过多种人类，而且还得知我们的祖先在适应环境的同时，也在坚持不懈地进行进化。

1 万年前农耕生活开始后，人类形成了一种前所未有的独特的生活方式。之后，经过科学革命、工业化，人类进入了宇宙时代，人类最终被定位为一种不必为适应而等待进化的物种。

但在生命进化的历史中，一种新突变的基因要想成为该物种所有个体都具有的特征，需要相当长的时间。就算是已经开始直立行走，曾经四脚行走的身体并不能马上就变得适应。像脑容量变大、消化器官变小、喉部位置发生改变等身体部位的变化，与其他动物的进化速度相比并没有什么特别的不同。人类也在数百万年间与其他动物一样，靠狩猎和采集为生。但最近1万年来，人类文明的变化之快可谓史无前例，如今，还在加速。适应狩猎-采集生活方式的我们，是如何创造了如此独特的文明，并成为地球生命历史上特别的物种的呢？

很多人尝试从我们的大脑里寻找原因。虽然人类的科学水平足以解释人类全部的基因，但到目前为止却无法准确得知我们的大脑是以一种怎样的方式在运转。人类的大脑不过1.4千克，却能以不可思议的速度处理那些连最高端的计算机也无法处理的海量信息。不过，为了存储进入人脑的信息，需要与存储现有所有数据不相上下的容量。不管怎么说，是与其他生物迥然不同的大脑让人类成了地球上最特别的物种。

接下来，我们分析与其他动物在相似的起跑线出发的人类经历了怎样的过程，变得与其他物种不同，并展望迄今为止从未停歇的进化之轮又会将我们带向何方。

人类真的独一无二吗？

1831 年，一位家境富裕、衣食无忧的青年，踏上了后来因冲击性的争议而动摇整个世界的游历之路。这位青年从医学院退学后，致力于观察昆虫并埋头思索，22 岁从剑桥大学毕业后登上探险船"贝格尔号"的青年名叫达尔文。5 年间，他游历了非洲、澳大利亚、加拉帕戈斯群岛等地，观察动植物并收集标本。

以亲自收集的资料为基础，他提出了"适者生存，不适者淘汰"的学说，确立了自然选择的理论。然而，小心谨慎的达尔文在之后的 20 年间，一直对自己的理论三缄其口。因为他生活在以基督教为中心的世界，人们认为神创造了所有生命，在当时，正面否认神创论的进化论具有挑衅意味。

随着类似理论的出现，达尔文终于鼓起勇气，发布了被喻为"生命之树"的自然选择理论。根据达尔文的观点，人类与其他生命体一样，也是进化的产物。对此，不仅是宗教界，就连科学界也一致反对。人们嘲弄伊甸园里的亚当是只猴子，争论人类的祖先是不是猴子，从而掀开了声讨的篇章。声讨进入白热化，生物学家托马斯·赫胥黎与天主教主教威尔伯福斯之间展开了论战。威尔伯福斯嘲讽道："如果人类的祖先是猴子，那么这只猴子是祖父的祖先，还是祖母的祖先？"对此，托马斯·赫胥黎回答："比起拥有出色的才能却歪曲真理的人类，还不如把猴子当祖父！"赫胥黎直击要害的雄辩，成为进化论普及开来的重要转折点。

达尔文进化论造成的冲击，不仅仅推翻了神创造了人的认知，让人类感到更难以接受的是，人类竟然与自己身边毫无共同点的动物，甚至植物有共同的祖先。

黑猩猩与人类有多大差别？

达尔文的进化论是现代生物学发展的基础，成功解释了各种生命体的生命原理。人类明确了自己也不过是生命之树上的一个分支，寻找人类的起源的努力，演变为寻找生命的起源，从系统发生学到遗传学、分子生物学等各个领域都出现了惊人的研究成果。

所有的有机体都拥有几乎完全一样的化学组成，构成人类、虾或其他动物的细胞也大同小异，因为所有动物都是从亲代的生殖细胞结合后生成的细胞中孕育出来的。动植物细胞内的染色体成对出现，比如，人类有 46 条，狗有 78 条，水稻有 24 条染色体。每条染色体内，双螺旋结构的 DNA 像线条一样缠绕在一起，构成 DNA 的碱基序列，其中包含决定人类等所有动物的身高、外貌、眼睛颜色等特征的遗传信息。携带遗传信息的基本单位是基因，人类体内大约有 30 亿个碱基对，部分碱基对组成了约 2.5 万个基因。

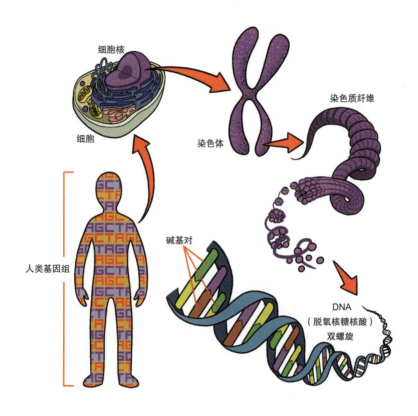

细胞核

染色质纤维

细胞

染色体

人类基因组

碱基对

DNA
（脱氧核糖核酸）
双螺旋

人类基因组计划是由美国科学家于 1985 年率先提出，于 1990 年正式启动的。美国、英国、法国、德国、日本和中国科学家共同参与了这一测定人类基因组 30 亿个碱基对的基因种类和功能的计划。2003 年，该计划绘制完成了人类基因组精细图。计划开始阶段，科学家预测人类的基因有 10 万 ~ 14 万个，但分析结果是约 2.5 万个。该数值与植物的基因数量没有大的区别。学者们非常好奇，比植物或昆虫都复杂的人类为什么由这么少的基因构成。

黑猩猩与人类有 99% 的基因相同。想到它长满毛的样子或短腿、长臂的体形，你可能会怀疑它和人类是否真的相似，但黑猩猩与人类基因的差异要小于它与猩猩的差异。可以说，就是从这不过 1% 的微小差异中，人类能直立行走，拥有高度发达的认知能力，能制造复杂的工具，可以使用丰富的语言。

猩猩、大猩猩、黑猩猩、倭黑猩猩和人类，都从相同的祖先进化而来。从共同祖先那里，猩猩在 1 500 万年前最早分化出来，之后，大猩猩和黑猩猩也分化出来。700 万年前 ~ 600 万年前，从黑猩猩和人类的共同祖先那里，分化出了古人类。人类和黑猩猩在脑容量、皮肤、毛发、骨盆与脊椎、关节构造、手脚的模样等解剖学方面存在明显的不同。除身体特征外，很多我们认为是人类的特征，其实包括黑猩猩在内的类人猿也有。

研究类人猿的灵长类学者发现，经过一定的训练，幼小的黑猩猩可以识字、模仿人类、使用工具，甚至会用火烤棉花糖，还可以照顾处于危险中的其他动物，发扬利他主义精神。这与我们认为"使用语言和工具、拥有道德行为或利他之心都是人类的特征"的普遍观念大不相同。

与人类相似的黑猩猩

黑猩猩除了会使用工具，还会招待客人喝茶，无聊的时候看杂志，根据需要做出虚假行动，在集体内搞"政治阴谋"

　　灵长类学者怀疑，现在人类熟练掌握的能力，有可能是从人类与黑猩猩的共同祖先那里继承而来的。灵长类学者最关注的就是社会特性。在以明确的等级为中心形成的黑猩猩群体中，争做头领的矛盾和斗争频发，但同时黑猩猩又以令人惊讶的和解、协调能力维系着群体。让人感到无比震惊的是，人类历史上出现的无数暴力与和平的剧情，竟然与黑猩猩的社会十分相似。

　　黑猩猩可以有条理地思考，制订短期计划，解决简单的问题。从流畅的手语沟通可以推断它们能够理解、运用一些抽象概念。（黑猩猩）瓦肖甚至把这种技能传授给了自己的养子。人们逐渐认识到黑猩猩在智力、感情方面与人类相似，这令人类与其他动物之间一直以来的清晰界限变得模糊。

——珍·古道尔

更有趣的是，黑猩猩也能像人类一样进行模仿。模仿是对他人感情产生共鸣、学习需要的信息以及创造文化的基础。不过，为什么能够进行模仿的黑猩猩却不能从事农业活动、饲养家畜、预测或计划未来呢？人类与黑猩猩分化后的 600 万年间，由于一系列的进化，黑猩猩依然是从树上摘果子吃的动物，而人类却发展成可以用语言说明宇宙构造、能够设计生命的智能设计师。黑猩猩拥有产生情绪共鸣并模仿的能力，人类则在此基础上，进一步发展出可站在对方立场上思考的认知共情能力，以及对不具有血缘关系的群体也可产生社会性共鸣的能力。人类文明正是产生于模仿中的差异。

人类独有的特征是什么？

像 *Homo habillis*（能人）与 *Homo sapiens*（智人）等，是拉丁文中表"人属"的"*Homo*"后添加人类相应的特征而形成的术语，这些词语不知从何时开始不单单被用作分类，还被用于定义人的类型。"语言人"（*Homo loquens*）、人类文化中突出游戏性格的"游戏人"（*Homo ludens*）、利用政治形成社会集团的"政治人"（*Homo politicus*）、利用革命性的科学技术创造并支配生命的"神人"（*Homo deus*）的表达方式，都侧重于强调人类特征。

毋庸置疑，思考、语言、游戏、政治、利用科学技术等，是区分人与其他动物的重要特征。如灵长类学者所言，其他动物也拥有相当水平的认知能力，只不过程度不

语言人　　　　　　　　　游戏人

同而已，没有必要把它们的认知能力与人类进行比较。工具使用亦然。虽然我们惊讶于黑猩猩利用树枝抓蚂蚁吃的场面，但人类已经超越了单纯利用自然物的程度，达到了"为制造工具而发明工具"的水平，人类开发、创造工具的能力更加卓越。

特别是人类的手进化得非常独特，能够发挥与众不同的使用工具的能力。与类人猿相比，人类大拇指弯曲时可摸到小拇指。这看起来不过是个微小的差别，但可自由活动的手指使指尖拿起东西成为可能，利用指尖上的数十万个神经，我们可获得视觉信息以外的其他信息。

政治人　　　　　　神人

说到人类代表性的特征，最为人熟知的就是语言使用能力。人类之外的有些动物也可以通过声音进行沟通。类人猿在群体内利用不同的声音实现沟通，海豚也可通过超声波进行沟通。但人类的沟通与其他动物不同，人类的语言可利用不同的声音创造出与事物或状况对应的词，进而将词结合起来组成体系化的句子，甚至可以用来表达象征意义。再者，大量的信息聚集在一起，出现了可以创造出更大概念的象征语言，于是，一种被称为集体学习的独特适应方式产生了。利用语言，人类传达重要的信息和感情，表达内心的想法，分享知识。在继承上一代的想法与文化的基础上，人们通过与新集体的接触获得了信息，使技术与生活方式发生了重要变化。而随着信息交换效率的提高，知识积累速度也变得更快。

人类的语言能力之所以能够进化得如此独特，是因为拥有最适合语言学习的成熟大脑。在此基础上，所有灵长类都具有的社会性特征也得到发展，群体规模变大，社会活动变得更加活跃。由此，人类除身体方面发生了变化外，精神和文化领域也发生了与其他动物层次不同的飞跃。埋葬逝者时，人类描绘出从未经历过的逝者的世界，并由此产生了宗教，出现了音乐、美术、舞蹈等艺术形式，发展了科学技术，来往于由道路和铁路连接的城市

认知能力

艺术创作

制作工具技术

社会网络

这个真好吃呀！

从哪儿来的？

语言使用

集体学习

与国家之间进行交易。现在我们每天吃穿用的东西，要么来源于某个遥远国家的农夫的收获，要么由语言不同的某个国家的工厂制作而成。就连看似简单的一条牛仔裤，也是经过几个国家的生产之后才来到我们手上。巨大的交换网络发挥着广泛的作用，多样性成为集体学习强有力的动力，智力提高刺激了技术的高度发展，形成了人类共同体发展的循环结构。

高度的认知能力、精湛的制作工具技术、复杂的语言使用、集体学习的加速化、社会网络的膨胀、各种艺术创作等，都可以说是人类独有的特征，这些特征并不是某一瞬间像宇宙大爆炸一样突然出现的，而是经历了 600 万年长久的变化，是生物学基因与其他成为进化媒介的文化性基因相互作用的结果，这就是"模因"（MEME）。

模因促进了人类文明的进化。在活跃的社会网络内，知识和工具、技术和思想、规范和智慧等通过集体学习被复制，有时还会根据社会价值以全新的方式得到组合和创造。由此，不同于生物学进化的速度，人类文明的网络越发达，社会成员的智力越高，模因的进化就越快。以此为基础实现的高速模因进化，使人类在工业化后不到 200 年间的时间里，迎来了截然不同的现代社会。我们在如此快速的进化浪潮中，走到哪一步了呢？

未来人类将如何进化？

《人类简史》的作者尤瓦尔·赫拉利认为，智人经历了认知革命、农业革命和科学革命到达了现在的位置，人类正以智能设计法则取代自然选择。科学家们在实验室里，已经开始通过编辑基因来人为制造物种所不具备的特征。

纪录片《阿尔法狗》

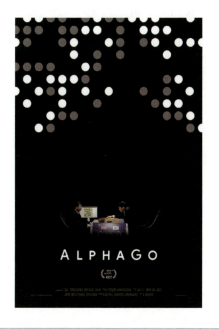

2016年，谷歌旗下 DeepMind 公司开发的阿尔法狗与韩国围棋职业九段棋手李世石展开了人机围棋大战。通过"深度学习"学习围棋的阿尔法狗，在激烈的对决中以四胜一败的成绩战胜了李世石。因人类与人工智能的对决而备受关注的这次对弈，被制作成了纪录片

　　按照尤瓦尔·赫拉利的主张，未来1 000年里，人类的面貌更取决于技术发展的速度，而不再仅由生物学进化的速度来决定。我们很难掌控转基因工程、制造由生物与非生物结合成半机器人的仿生工程、研究人工智能或机器人的无机生命工程等技术的发展速度。也就是说，连人类自己现在走到了哪一步，我们都很难把握。

　　在这种情况下，人类也切身感受到了自己的造物带来

的危机感。2016 年，人工智能阿尔法狗与围棋棋手李世石的对决，让对围棋一无所知的人，也通过现场直播看到人类败给了人工智能。人们因此开始担忧，某一天人工智能会像科幻电影中那样支配人类，有人甚至高呼第四次工业革命即将到来。

也许有人会想到《决战猩球》中那只拥有卓越智力的黑猩猩与人类战斗的情景，也许有人会联想到更早之前的电影《终结者》中人工智能引发核战争并杀掉部分人类的场面。但目前，几乎没有专家能预测人类掌握的技术是否会像科幻电影中那样动摇人类社会。技术根据人类的需求不断变化，同时，我们的意识和认同也会发生根本性变化。

1978 年，第一个试管婴儿诞生时，人们感到非常惊愕。但现在难受孕的夫妇通过人工授精怀孕时，人们却不再感到奇怪。众所周知，通过检测胎儿的 DNA，我们能够诊断出胎儿是否患有唐氏综合征等遗传病。而在人工授精时，我们则可以在受精卵着床之前，通过检测受精卵的 DNA，筛查出遗传病。那么，既然备孕如此困难，为了生育出健康的宝宝，对受精卵进行选择会怎样呢？如果能从艰难获得的受精卵中去掉脊髓灰质炎基因，又会怎样呢？如果能利用这项技术，植入拥有超凡记忆的基因，又会怎样呢？

太平洋垃圾岛

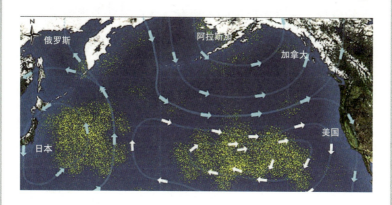

全球流入海洋的垃圾受海洋环流和季风的影响，聚集在一定区域，形成巨大的垃圾带。除了两个巨大的垃圾岛之外，人类还发现全球海域有长达数千米的塑料带。大部分垃圾由塑料构成，特别是微小的塑料颗粒对海洋生物造成了巨大的危害

　　人类发挥了惊人的能力，具备了改造和定制基因的技术，但谁也无法预测这一惊人的技术将会如何改变人类自己。人类制造的工具从石器发展为青铜器、铁器，现在塑料取而代之。20 世纪 30 年代逐渐商品化的塑料，现在仍被广泛应用。但 1997 年，海洋学家查尔斯·摩尔发现了漂浮在太平洋海面上的垃圾塑料岛。的确，塑料的发明给人类带来了巨大的便利。但为满足人类需求而制造的塑

料，在其问世 60 年后，逐渐露出了真面目，成了一个巨大的麻烦。该事例揭示的重要意义就在于，人类为了生活便利制造出来的用具却在不到 60 年的时间里，造成了世界性问题，而其间我们竟一无所知。

从大历史的角度来看，包括人类在内的所有生命体的进化，都可看作迫于环境压力而产生的变异，但这并不是说所有的适应都是最好的结果。我们身体里也存在没什么用处的阑尾和效率低下的咽喉部神经等组织。不过，这些"不良"设计也是进化的证据，是与过去进行比较的线索。接下来，我们将探索人类古老的特征是如何随着生物学的进化而一一出现的，也将确认近年来由模因进化产生的新特征。通过该过程，我们将把握人类在生态界所处的位置并推测未来的发展方向。

2 大脑的进化和意识的诞生

人类身体的构成成分与其他有机体一样，人类的基因与大脑构造也是包括老鼠、黑猩猩在内的大部分动物的共同要素，这使得人们不得不放弃人类是一种特殊的存在的观点。但老鼠或黑猩猩觅食的行为与人类吃东西的行为之间存在着明显的差异，重要的是如何来看待这一差异。我们不能简单地以所谓"野蛮与文明"的标尺来衡量用双手拿着果子吃的动物与用刀叉切牛排吃的动物。实际上，从黑猩猩到现代人的一系列进化模式，也是人类中心主义的优劣排列。因此，我们要在充分警惕人类中心主义的思考方式的前提下，了解人类的特征是如何形成的。

考古学家发现了人类祖先并一直追踪其变化。他们发掘的化石是揭示人类特征的重要证据。研究动物的脑容量与智力之间关系的学者，通过对 600 万年来的化石的考察，发现人类的脑容量一直在不断增加。从目前发现的最早的人类祖先的大脑，到形成 0.35～0.5 升的大脑（相当于今天黑猩猩的脑容量），用了 300 万年的时间。不过，人类的大脑不断进化，发展成了一个效率高且运转系统复杂的重 1.4 千克的神经细胞集合。接下来，看看我们是如何拥有如此令人震惊的大脑，以及如此发达的大脑又使我们拥有了怎样的特征。

三位一体脑的形成

只有动物具备而植物不具备的大脑是怎样产生的呢？大脑是神经细胞（即神经元）的集合。神经细胞随着早期多细胞动物的进化逐渐变得复杂，是为了连接感觉细胞与运动细胞而出现的。连接感觉细胞与运动细胞的神经细胞，通过提高随机应对新环境的能力，逐渐形成网络，进而构成中枢神经系统。脊椎动物椎管内的神经束叫作脊髓。进化理论中最被大家认可的大脑形成假说认为，脊髓末端膨大的神经节构成了大脑。

美国脑科学家保罗·麦克林认为大脑是以功能叠加的方式进行进化的。他指出，大脑由爬行动物脑、古哺乳动物脑和新哺乳动物脑三个区域构成。最初只具备基本功能

创世神话

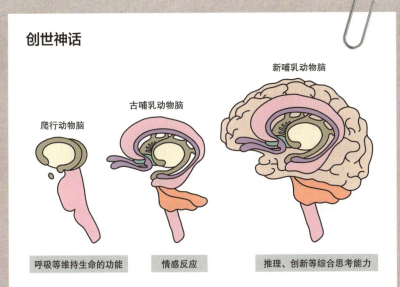

呼吸等维持生命的功能　情感反应　推理、创新等综合思考能力

该模型反映了大脑在进化史上出现的先后顺序，从中可以看出大脑是以功能不断叠加的方式进化的。爬行动物脑上覆盖了古哺乳动物脑，新哺乳动物脑又将古哺乳动物脑全部包裹起来，使新哺乳动物脑同时拥有这三个区域，并且每个区域依然发挥着自己的作用

的区域添加了具有高级功能的区域后，进化成为具有三重区域的复杂大脑。

爬行动物脑，在从两栖动物出现时就开始发育的视觉感知的基础上，增加了嗅觉功能以及负责身体平衡与调节的部分。我们一般认为，出现在 5 亿年前～4 亿年前的爬行动物脑是最早出现的，它相当于脊椎上的脑干和小脑部分。爬行动物脑有觅食、躲避天敌和繁殖的本能。从在没有食物的时候会捕食刚出生的幼崽的事实中可以看出，爬行动物脑最基本的功能是生存。

时间流逝，大约 2 亿年前出现的古哺乳动物脑中产生了照顾幼崽的母爱，不管再怎么饥饿，也不会吃自己的孩子，在此时形成了最重要的"大脑"。古哺乳动物基本都是夜行性的，因此嗅觉功能发达。随着承担嗅觉功能的大脑领域的扩张，最重要的"大脑"部分形成。恐龙灭绝后，对从洞窟里出来的古哺乳动物来说，视觉功能变得更加重要，而"大脑"能够同时处理嗅觉信息与视觉信息，渐渐变得更大。被困在坚硬的头盖骨下的"大脑"逐渐变大，表层形成褶皱，表面面积增大。有褶皱的部分就是大脑皮质。

发展到灵长类后，大脑皮质迅速增大，大脑功能更加发达。由此，大脑变得可以储存记忆和信息，灵活应对外部环境的变化，进行抽象思考，规划未来和从事学习活动。

现在人类大脑不仅留存着爬行动物脑和古哺乳动物脑的痕迹，并且它们依然在履行自己的职责。只不过随着大脑功能的增多，它逐渐可以综合协调各种功能使其更适合生存。

人类的大脑结构

1848 年，美国佛蒙特州正在兴建铁路。在铁路建设公司工作的 25 岁青年菲尼亚斯·盖奇在装有爆炸物的工地上拿着铁锹作业。他一不小心引爆了炸药，导致手中 1 米长的铁锹从面部穿透头部。大家都以为他必死无疑，然而他没有死，并在几分钟后，恢复了意识开始行走。盖奇头顶着一个直径约 9 厘米的大洞，被紧急送往医院。医生马丁·哈罗对他进行了急救，挽救了他的生命。4 个月后，奇迹般康复的盖奇恢复了正常工作。

但问题出现了。盖奇原本真诚温和，按时完成工作，令人信赖，而此后他性情大变，无法控制自己的怒火，变得异常冲动。他开始说脏话，时常与人发生冲突。他的同事都说，他不再是以前的盖奇了。虽然衣食住行日常行动没有任何障碍，但他丧失了逻辑思考能力、预测能力和准确做出判断的能力。最终，他造成了几次事故，被公司解雇。一直坚持研究盖奇变化的哈罗指出，大部分额叶的消失造成了他的性格变化。

菲尼亚斯·盖奇事例是典型的因大脑损伤引发的行为改变。学者们注意到，大脑的特定区域可以在一定程度上调节我们的思想、行为和感情。那么，人类大脑的结构是

被穿透的菲尼亚斯·盖奇的头盖骨

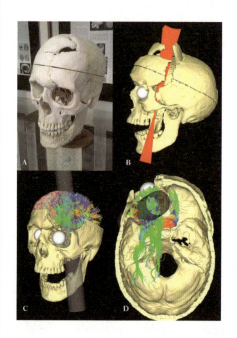

由于爆炸事故，一根长1米、重6千克的铁锹穿过了菲尼亚斯·盖奇的左脸，从头部右上方穿出。在铁锹穿透的大脑额叶上出现了一个大洞，造成额叶大面积损伤，但没有生命危险

怎样的呢？人脑由大脑、脑干、小脑等部分构成。大脑分左右两个半球，脑干包括延髓、中脑和脑桥，而小脑位于大脑后下方。

最早的大脑是前面提到的爬行动物脑。重约200克的脑干承担着与生存相关的基本功能。脑干中的延髓上接脑

人脑的结构

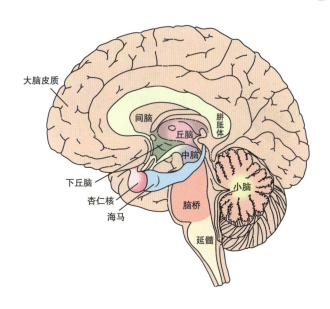

大脑皮质

间脑

丘脑

胼胝体

下丘脑

中脑

杏仁核

小脑

海马

脑桥

延髓

重1.4千克的人脑，通过一个由许多神经细胞和突触连接的网络系统发挥作用，各部分分别执行感觉、运动、语言、记忆、维持生命等功能

桥，下接脊髓。它是调节呼吸与心脏运动的生命中枢，负责血管的收缩舒张、呕吐、打哈欠、咳嗽、打喷嚏等反射行为。脑干是维持生命的器官，即便大脑或小脑丧失了部分功能，人仍然能够存活，但如果脑干丧失功能，就跟死亡没什么区别了。脑干功能存在，可以维持呼吸和心脏搏动，这样的人是植物人；而脑干的功能停止，依靠外部装

置维持呼吸，则被称为脑死亡。

间脑被大脑半球包围，间脑有个名为丘脑的重要组成部分。参与不随意运动的丘脑，也是各种感官信息的中转基地，它是自主神经系统，控制大脑皮质的活动，调节体温和代谢等。下丘脑重约 10 克，虽然在大脑中所占比例很小，但这里有支配我们本能行为的中枢，它不受意识的控制，可以自动调节一些生命机能。

不随意运动
不受意识支配的运动和动作，比如说我们不能有意停止心脏搏动或者呼吸。

中脑是连接大脑半球与延髓的信息中转场所，这里有很多神经核，可以调节行走等运动行为和反射行为。胼胝体连接大脑的左半球和右半球。

小脑只有大脑半球的十分之一，不过因为褶皱比较深，所以其面积相当于大脑的 40%。据推测，它在过去的 100 万年间增加了 2 倍多。小脑通过神经纤维束与脑桥、中脑和延髓相连，负责维持身体平衡，调节位置、空间运动等运动功能。被切除了小脑的动物即便可以存活，也会在动作连接方面出现严重障碍。

古哺乳动物脑是在叠加爬行动物脑的基础上形成的，最先出现的是大脑边缘系统。位于大脑皮质与脑干之间的

大脑半球的结构与功能

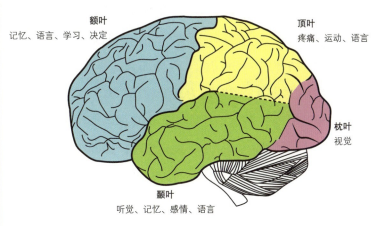

额叶
记忆、语言、学习、决定

顶叶
疼痛、运动、语言

枕叶
视觉

颞叶
听觉、记忆、感情、语言

虽然我们根据大脑半球的区域来划分大脑的主要功能，但在执行由神经细胞网构成的大脑皮质结构的特定功能时，它们相互作用和工作，不需要进行区域划分

神经细胞集合构成海马、杏仁核、下丘脑等，参与控制体温、血压、心率、血糖等功能，调节恐惧、愤怒、快乐等本能情绪。这是当我们感到恐惧或愤怒时，起到使血压升高、心跳加速的作用，使我们出汗、汗毛竖起的区域；又因为控制着与繁殖有关的欲望，所以也被称为"本能的位置"。大脑控制着嗅觉、视觉、触觉等感官功能，调节随意运动，同时也负责记忆、思考、判断、情绪等联合

功能。

大脑半球根据表面的沟槽，可分为额叶、顶叶、枕叶和颞叶。不同的人类活动，导致大脑活跃的领域不同，这些领域分别承担不同的功能。具体而言，额叶负责记忆、学习等高难度功能。顶叶作为支配面部、双手、双腿等的运动中枢，具有控制运动功能与感知身体各部位疼痛的功能。枕叶中有视觉中枢，负责观察事物。颞叶中有听觉中枢，可以使我们听到声音。同时，颞叶也有储存记忆的功能。除此之外，额叶、顶叶、颞叶也承担着语言中枢的重要功能。

大脑皮质是随着古哺乳动物脑变大而在表面形成的褶皱，是厚 1.5 ~ 4 毫米的神经细胞的集合。其中，大脑新皮质占大脑皮质的 90%，与运动技能、知觉、意识、推理及语言等认知能力有关。许多人认为人类独有的特征就是从大脑新皮质的膨胀而来的。

2015 年，马克斯·普朗克研究所的维兰特·惠特纳与斯万特·帕沃研究小组发现了决定大脑新皮质厚度的基因。如果把这些基因植入老鼠体内，该老鼠的大脑新皮质就会变得比普通老鼠大，甚至还会出现只有人类大脑新皮质才有的褶皱。研究小组认为，该基因是在黑猩猩与人类分化之后，智人和尼安德特人分化之前出现的。

由此，人们发现了促使大脑新皮质扩张的基因。伴随

ARHGAP11B 基因在
老鼠胚胎中所表达的大脑新皮质

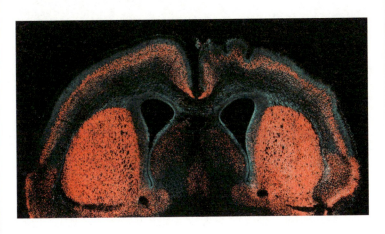

维兰特·惠特纳发现了影响大脑新皮质生成与分布的"ARHGAP11B"基因。把该基因植入老鼠体内，结果老鼠的大脑新皮质变大，还出现了只有人类才有的大脑新皮质褶皱。绿色的部分是大脑新皮质，红色的部分是神经细胞。研究小组指出，该基因就是人类在进化上与其他动物不同的决定性因素

脑容量的增加，大脑的神经细胞网连接得更加复杂精巧，一些类人猿出现了与黑猩猩不同的认知能力。但这种认知能力距离人类形成复杂的智力，还有很长的路要走。我们首先来观察人类的大脑是如何变大的。

影响人类大脑进化的因素

人类祖先从树上下来开始用双脚直立行走，是大脑变大的契机。从四足行走的类人猿的身体结构来看，其必须用与脊椎相连的脖子的力量来支撑大脑的重量。而开始直立行走的人类，其大脑稳定地位于脊椎上方，可以用整个身体来支撑大脑的重量。即便这样的变化不是大脑变大的直接原因，但至少为大脑变大后仍可以保持稳定的活动打下了基础。

类人猿的大脑没能实现较大成长的另一个原因，是大脑的发育和维持需要大量的能量。现在人类大脑所消耗的能量占身体总能量的 20%。人类祖先在不利于自身成长的环境中不断遭受饥饿的折磨，身体结构也随之发生了进化。在最初 300 万年的时间里，大脑一直维持在现代人大脑的三分之一左右，由此我们可以推测，大脑的成长在自然选择中并不是一个甜蜜的过程。那么，如此不利于生存且娇贵的器官，是如何成为人类的特征的呢？或许是因为人类已经具备了承担代价的条件。

我们祖先的大脑能够变大的决定性因素是饮食的变化。250 万年前，使用工具的能人开始食肉，他们可以从动物性蛋白和脂肪中获取能量。据推测，他们可以从动物的骨髓中摄取能量，到了后期，还可以利用火烹制食物。食肉的同时，他们能够用双手自由地使用工具，大脑增大到 0.6～0.8 升。

正式改善饮食生活的是 190 万年前的直立人。直立人的大脑容量有 0.8～1.2 升。直立人用火烹调块茎类植物或鱼等食材，使得饮食更加多样化。并且，食用熟肉还缩短了消化时间，从而提高了营养的吸收率。而摄取容易消化的食物，又使肠道变短，大量的能量得以供给大脑。

70 万年前出现的海德堡人开始使用更加复杂的工具，集体狩猎或利用武器，进一步发展了狩猎技术。更加富足的营养状态和身体变化，以及群体内部的沟通，使大脑增大到 1.1～1.4 升。

大脑容量最大的是尼安德特人，有 1.6 升。40 万年前，居住在欧洲和地中海附近的尼安德特人拥有比现代人更大的大脑。在他们的化石周围可以发现食肉的痕迹，以及利用煮或烤制方式加工各种植物，尤其是谷类的痕迹。

20 万年前智人的出现，使我们找到了现代人大脑容量的最佳尺寸。智人的脑容量有 1.4 升，与现代人相似。在他们身上，我们可以发现很多之前的祖先所不具备的特征。比如，他们制作出了精致的钓钩、鱼叉、渔网等工具，用贝壳、象牙等制作饰品，还发明了火炉保障日常用

人脑的大小

南方古猿
400 万年前
（0.4 ~ 0.7 升）

能人
250 万年前
（0.6 ~ 0.8 升）

直立人
190 万年前
（0.8 ~ 1.2 升）

火，也开始举行葬礼，创作壁画。

　　但从早期人类进化的状况来看，脑容量增加的原因不仅仅是饮食的变化和工具制作技术的发展。实际上，脑容量的增加是与相应的危险因素共存的。由于直立行走，骨盆变窄，生孩子的路径变窄，再加上头部变大，人类分娩时要承受的痛苦与危险也随之增加。然而，进化并没有方

海德堡人
70 万年前
（1.1 ~ 1.4 升）

智人~现在
（1.4 升）

尼安德特人
40 万年前
（1.6 升）

向。如果仅按照大脑变大的方向进化，可能人类都很难存
活到现在。随着与生存直接相关的危险增加，进化的车轮
为我们准备了"幼态持续"的方法。大部分动物都是在
母体中完全发育好后出生的，而人类却在尚未发育成熟的
状态下出生。婴儿出生时，头盖骨很软，还要在无法独立
生存的无防备状态下度过漫长的幼年。

戴维·依格曼认为，在未成熟状态下出生的大脑里包含着人类大脑运作的秘密。刚出生的婴儿与成人的脑细胞数量几乎相同，他由此推测人类的认知能力是在大脑神经细胞连接的过程中形成的。刚出生的婴儿，其大脑神经细胞几乎没有连接。但接下来的两年里，随着接收各种各样的感觉信息，每秒连接约 200 万个细胞，到了 2 岁左右，就形成了超过 100 万亿个突触。到 25 岁时，脑容量达到最大值，变得成熟。在这个过程中，不必要的连接被消除，必要的连接得到强化，经过选择和集中，最终发育成一个高效的大脑。依格曼指出，人类的大脑最终受神经回路的影响，该回路是在我们的经历（如文化、朋友、同事、事件、职业等因素）的影响下形成的。更重要的是，我们的大脑具有可塑性，这是一种帮助我们同时恢复和重组的机制，所以在成年后，已经形成的回路出现了问题，也会有其他回路介入，并使路径发生改变。

人类大脑变大的原因中还有一点不容忽视——人类具有社交性，并在社交过程中提高了生存概率。所谓社交性，是指与他人积极互动从而建立关系的能力。理查德·伯恩和安德鲁·惠顿认为，灵长类生活在一个复杂的群体中，既需要掌握成员的信息和成员之间的关系，也需要预测别人的想法和行动，因此大脑需要处理的信息量剧增。这使得大脑必须变大，反过来，大脑变大又促使社交

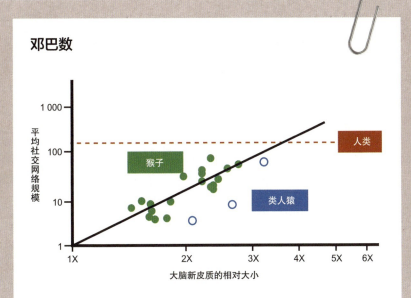

邓巴数

罗宾·邓巴表示，猴子与类人猿的社交网络规模与大脑新皮质的大小有关。黑猩猩的社交网络最多可以容纳 55 只黑猩猩，而人类的社交网络最多则可容纳 150 人。人类可以维持的群体的规模 "150"，被称为 "邓巴数"

网络变大，从而形成了一个循环结构。

　　罗宾·邓巴发现，灵长类建立类似的社交网络，大脑新皮质越大，社交网络的规模越大。他指出，限制社交网络规模的因素包括五个认知能力：第一，解读视觉信息、认识对方的能力；第二，记忆成员间关系的能力；第三，处理情绪信息的能力；第四，处理与协调成员间关系的能力；第五，在可控范围内决定社交网络规模的能力。也就是说，社交网络越大，需要接收和协调的成员间的社交关系和往来信息就越多，因此需要大脑新皮质更加发达，最终促使脑容量增加。

人类的大脑之所以能够进化得如此灵活，与很多基因有关。乔纳森·普理查德研究发现，15 000 年前～5 000年前，700 多个影响味觉、嗅觉、消化和大脑的基因通过自然选择被重塑。遗传学家布鲁斯·拉恩认为，影响大脑大小的"微脑磷脂"与"ASPM"两个基因发生变异，导致了大脑的进化。微脑磷脂基因从大约 3.7 万年前开始频繁突变，ASPM 基因则在 5 800 年前开始突变。布鲁斯·拉恩关注突变的时间点。在人类历史中，4 万年前最古老的文明开始出现，以及 1 万年前农耕时代开始后城市扩张，出现文字，这两个时期人类大脑的基因发生了突变，影响了脑的大小。

100 多年前，查尔斯·达尔文和托马斯·赫胥黎指出，认知能力发展的过程与进化中增大的脑容量有关。达尔文认为，人类与高等动物的差异是程度的差异，而不是物种的差异；赫胥黎指出，人脑除大小之外并无独特之处。但美国人类学家拉尔夫·霍洛韦并不认同这种说法，他认为"在进化过程中认知能力发生变化，不是因为脑容量的变化，而是因为大脑进行了重构"。像大象、鲸等哺乳动物拥有比人类更大的脑容量，因此，不能仅凭脑容量就认为人类与其他动物不同。当然，在人类进化的历史中，脑容量的增大是一个非常重要的事件。但我们最应该关注的不是脑容量最大的尼安德特人的足迹，而是智人的足迹。智人的物种学名本意为"思考的人"。在他们的大脑中，思考是以什么方式运转的呢？

意识的作用原理

在人类文明史上，那些决定性飞跃的现象背后，有引领人们改变现有思考方式的人。像达尔文、爱因斯坦等确立现代科学框架的人，他们的大脑与普通人有什么不同呢？虽然我们不能看到达尔文的大脑，但爱因斯坦的大脑在他去世之后，由于失窃而落到了研究者的手里。偷走爱因斯坦大脑的托马斯·哈维与几位学者一起，艰难地获得了爱因斯坦家人的同意，得以对爱因斯坦的大脑进行分析。出乎意料的是，爱因斯坦的大脑重 1.23 千克，比普通人的大脑要轻，而且神经细胞的数量、大小也与普通人相差无几。托马斯·哈维原本以为偷走天才的大脑就可以揭开大脑的秘密，但最终却不得不放弃这一执念。几十年间让人们争论不休的爱因斯坦的大脑，与我们大脑的运作方式是一样的。

神经元的结构

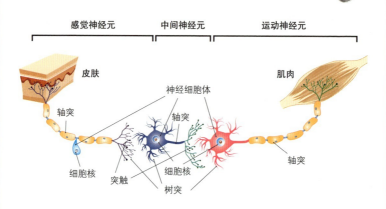

感觉神经元　　　中间神经元　　　运动神经元

皮肤

肌肉

神经细胞体

轴突

轴突

轴突

细胞核

突触

细胞核

树突

大脑中间神经元由带细胞核的神经细胞体、接收信号的树突和发射信号的轴突组成。与感觉器官相连的感觉神经元的轴突中间有神经细胞体，运动神经元的神经细胞体相对于其他神经元来说较大。神经元之间的树突和轴突相邻的部分叫作突触，从轴突向树突单向分泌神经递质传递信号

　　大脑和脊髓由名为"中间神经元"的神经细胞组成。中间神经元与从感觉器官接受刺激并向大脑和脊髓传递的感觉神经元相连，也与从肌肉等反应器官传达运动命令的运动神经元相连。另外，中间神经元之间也互相连接，形成巨大的网络。

　　眼、耳、皮肤等感觉器官感知到刺激时，感觉神经元会将其以电信号的形式传递出去。神经元网络可对穿梭于

连接网络的信号进行比较，感知其模式并转换为有关外部世界的信息或知识。我们脑海中浮现出的想法，是受人们生活中经历的所有事件的影响形成的"神经元网络"的产物。我们的行动，也是每时每刻经过无数复杂信号的传达，按照中间神经元发出的运动指令得以实现的。大多数人相信，他们是根据自己的自由意志行动的，自己的思想和意识决定了存在和认同感。然而，我们的意识到底在多大程度上可信呢？

美国心理学家丹尼尔·西蒙斯和克里斯托弗·查布利斯于 1999 年进行了一项关于感官感知下降的有趣实验。他们给实验参与者看了一个视频，视频中穿白色衣服的学生和穿黑色衣服的学生分为两组互相传球。然后要求实验参与者不要关注穿黑色衣服的学生传球成功的次数，只关注穿白色衣服的学生传球成功的次数。在观看视频时绝对不能说话或出声。视频一结束，他们马上向参与者询问传球成功的次数，还询问是否看到了其他人。参与者中有一半没有意识到其他人的出现。而实际上，视频中有只由学生扮演的大猩猩，捶着胸膛从学生中间走过，时间约 9秒，但实验参与者却完全没有意识到其存在。

意识不到预想之外的事情的现象被称为"注意力错觉"或"无意视盲"。人类的大脑无法接收所有的感觉

信息，所以在注意力集中的情况下，除了被选定的信息
外，其余信息的接收会受到抑制。同样，日常生活中看着
手机开车容易发生事故，听着有意思的广播看书很难集中
精力。事实上，大脑每时每刻都在收集大量的信息，控制
我们的行动，但人类并不能有意识地自觉感知到自己所有
的行动。为使经过反复学习获得的行动能够不受意识的控
制，神经元网络形成了自动化的回路。得益于此，无论是
乒乓球选手击打乒乓球，还是棒球选手挥舞球棒，都可在
无意识中自动发生。

　　而需要意识的部分，反而是在发生预想不到的情况或

需要做出某种决定的情况，又或者是无须特别注意就能做出行动或思考的情况下，决定形成怎样的回路时所需的。脑科学家戴维·依格曼指出，我们的意识以过去的经验及对现在和未来的预测为基础，制订计划，设立目标，并将无数的细胞看成一个统一的个体。

我们做决定的过程，受情绪、身体的生理信号、过去的经验和记忆、对决策结果的预测、符合生物学欲望的回报的影响。其中，更新有关预测和实际经验的评价体系发挥着重要的作用。在中间神经元中，通过名为多巴胺的神经递质，将评价信息传递给整个神经元网络。多巴胺对认知和行动、动机、惩罚与补偿、情绪、注意力、工作记忆与学习都起着重要的作用。它在对某种经验进行奖励的时候分泌出来，带给人们快乐，从而让人们更想去做某件事。包括补偿体系在内的很多复杂的系统，是其他物种身上没有发现的，是人类独有的特征。该系统促使人们养成了思考、感知、情感表达、与他人交流以及学习的能力。

社会脑假说

我们为何会进化成与类人猿不同层次的人类呢？对于这个问题，罗宾·邓巴提出了有趣的"社会脑假说"。他认为人类的文化水平属于黑猩猩的文化习惯无法比拟的更高层次，尤其宗教、故事和音乐都是人类独一无二的文化特征。因为宗教传播和讲故事必须以相当水平的语言能力为前提，需要具备看待不同层次的精神世界，即具备将想象与现实分离并进行客观看待的能力。此外，音乐普遍存在于所有的社会，与生存没有直接关系，但以音阶、旋律等复杂形态发展，并进化成了一种社会行为。

罗宾·邓巴特别强调人类的"大脑"是在这种文化行为的基础上形成的。重要的是，人脑偶然变大并不是进化的结果。相反，他认为人脑变大是选择性压力发挥了作用，促使人类进化，即文化发挥了作用。

此外，罗宾·邓巴还以在多数猴子与类人猿身上

罗宾·邓巴

罗宾·邓巴是英国人类学家、进化论者。他以社会性进化为基础，阐明了人类行为的起源。他通过研究灵长类的社会性，发现了大脑新皮质大小和社会群体规模之间的关联，从而提出了"邓巴数"，即人类能够形成真正的社会关系的最大数是150

发现的一系列时间分配模板为基础，研究了人类的进化。所谓时间分配模板，是指随着脑部与身体变大，在每天的时间总量一定的情况下，觅食时间、进食时间、消化时间及所谓"理毛"的社会时间之间存在差异。他发现，脑容量决定了社会关系网的大小，并将此命名为"社会脑假说"。根据该假说，人类在进化过程中，形成社会关系需要复杂的行动方式，具体来说，像"理毛"、一夫一妻制、形成社会关系等方式产生的压力，都是促进脑容量增大的选择性压力。

邓巴指出，从类人猿到智人的进化过程中一共经历了五次转变，最终只有一个物种成为赢家。第一次转变侧重于解剖学方面的变化，以此为基础，形成了控制发声和呼吸的基础。第二到第四次转变中，实现了脑容量的飞跃性发展，为了获得增大的脑所需的能量，能解决扩大了的群体的时间分配的物种在斗争中生存下来。第五次转变是指智人在大脑大小基本没有变化的前提下经历的两次革命，即从游牧生活到定居生活的转变以及农业革命。这导致了更大的群体的发展，即城市与王国的出现，并形成了现代国家形态的群体，实现了历史性进步。

经过五次转变，人类收获了很多。首先，我们可以控制呼吸。这使人类可以自然地说笑，通过交谈代替理毛，从而提高群体成员之间的亲密感，并缩短建立社会关系的时间。此外，随着群体规模的扩大，人类也能够保护自己免受猛兽的威胁和来自其他群体的袭击，使其更有利于通过关系网获取资源。群体的变

人脉规模

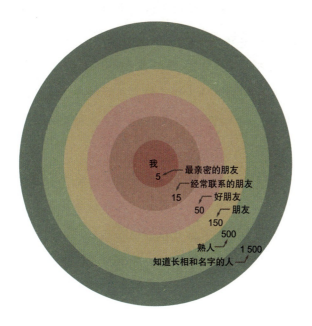

我
5
最亲密的朋友
经常联系的朋友
15
好朋友
50
朋友
150
500
熟人
1 500
知道长相和名字的人

人脉结构是一种从最里层的同心圆向外逐渐扩展到容纳更多人的层次的形式。以"我"为中心，最亲密的朋友有 5 人，经常联系的朋友有 15 人，好朋友有 50 人，能感觉到亲密感的朋友有 150 人。150 人是能够维持稳定且持续的关系的社会群体的最大规模。此外，500 个熟人和 1 500 个只知道长相和名字的人，虽然也包含在人脉规模里，但这种关系不稳定或影响力不大化导致形成社会纽带感所需的时间不足，从而进化出了通过笑、舞蹈、歌曲、语言等形式来增强纽带关系的方式，通过烹饪减少了消化时间。社会纽带的形成、变大的身体和大脑的营养供给、时间的有效分配，使人类成为与其他动物不同的物种。最终，生物学变化、社会性变化以及认知的变化相互协调，共同促成了智人的出现。

根据邓巴法则，邓巴预测了由大脑新皮质的大小决定的人类社会群体的规模。人类最多能在 150 人的群体中感受到亲密感并维持稳定关系。如果大于这个规模，人们的沟通效率就会降低，并很难维持长久的关系。

我们为什么喜欢
甜食和高脂肪食物？

　　有研究指出，我们喜欢甜食与进化有关。蜜蜂等能看见紫外线的昆虫，很容易找到含有蜜的花，因为大多数鲜艳的花会朝着有花蜜的中心部分形成一条条紫外线。人类虽看不见紫外线，但可辨别颜色，这是位于视网膜上的视锥细胞发挥作用的结果。视锥细胞中有三种分别对红、绿、蓝敏感的红敏视锥细胞、绿敏视锥细胞和蓝敏视锥细胞，这是人类色觉的生理基础。而灵长类之外的其他哺乳动物并不能完全辨别颜色。斗牛比赛中，让牛兴奋的其实不是红布，而是观看比赛的人。据说，最早识别红色的是生活在大约3 000万年前的人类祖先。因为突变，其看见了红色，能够看见红色的个体，就可以辨别甜的、有营养的水果，从而在进化的过程中获得胜利。也就是说，人们

看花时动物的色觉差异

大多数动物无法辨别红色，所以其看到的世界跟上面的图片一样。与此相反，人类和部分灵长类动物可以辨别红色，所以其看到的世界跟下面的图片一样

喜欢甜的、有营养的水果，其实是进化的结果。

人类品尝味道时，舌头会向大脑发送信号，大脑中最多的是对甜味产生反应的受体。据说，在我们的味觉中甜是最敏感的，能够让我们马上感受到快乐，就连胎儿也喜欢甜，孕妇在怀孕后尤其喜欢吃甜食。此外，甜食可作为即时能量。

如此说来，我们喜欢高脂肪食物也是有原因的吗？脂肪是构成身体的重要成分。大脑的80%由脂肪构成，构成细胞膜的重要成分与协调人类身体的激素的材料也是脂肪。此外，脂肪是身体的能量源，每克碳水化合物和蛋白质可产生4 000卡路里的热量，每克脂肪却可以产生9 000卡路里的热量。皮肤下面的皮下组织（含脂肪较多）可以阻止身体热量的流失，保护内脏不受外部冲击。

最近，还发现了人类具有感知脂肪味道的器官。有三个杯子，只有其中一个放了脂肪酸，堵住会对味觉产生影响的鼻子，测试实验参与者是否能够找到放了脂肪酸的杯子。实验结果显示，大多数人都能准确找出加了脂肪酸的杯子。据推测，是舌咽神经感知到了脂肪的味道。

为什么我们会具备感知高脂肪食物的器官和能够分解糖的酶呢？进化心理学家认为，这是进化的产物。对我们祖先来说，甜的、有营养的水果以及能够比其他营养素提供更高热量的脂肪，是非常珍贵的能量源。在狩猎–采集时代，人们很难规律进食，因此需要消耗大量能量的脑只好更青睐高热量食物。而现在，在可以充分摄取食物的环境中，我们之所以仍保留以前的痕迹，是因为在接受短时间内繁荣起来的人类文明的所有变化方面，进化的速度没跟上。

此外，苦味与其他味道不同，它受性别或地域的影响较大。不同的味觉细胞对苦味的敏感度不同，敏感的人和迟钝的人之间的差异可达 100 ～ 1 000 倍。在狩猎–采集时代，苦味成为辨别毒药、甜味成为辨别高热量食物的标准。因此，主要负责采集的女性对苦味的敏感度变得更高。在韩国，对苦味敏感的男女比率为 50% 和 65.3%，而在美国，男女比率只有 12%

和33%，两国呈现较大差异。不仅在韩国，亚洲大部分国家味觉敏感者的比率都很高，这可能是因为过去这些地域有毒的食物较多。

3 心理适应与社会性进化

接下来我们来比较女性与男性购物风格的差别。难得到大型购物中心购物的女性，至少会花两个小时以上的时间对衣服、化妆品、家具、家电和食品等进行比较，然后才购买需要的物品。而男性进入购物中心之后，会马上寻找售卖自己所需物品的店铺位置，并打算在 30 分钟内完成购物。当然，并不是所有女性或男性的购物风格都如此。每个人的购物风格都不一样，在这里谈论女性与男性的购物风格是为了象征性地说明一些反映我们从祖先那里继承下来的不同的适应方式。

比起购买多个小巧的物品，男性在购买音响、电脑等价格高昂、重量较重的物品时，心情更加愉悦。在购买高价物品时，同行的主要是支持和鼓励自己的朋友。男性在陌生的购物中心逗留时，会一边确认自己的位置，一边直奔店铺；买完想要的物品之后，马上离开购物中心。

女性在购买一件物品时，无论价格如何，都会尽量比较多个相似的产品。即便是购买一支口红，她们也能辨别出相似颜色的差异。如果能在外观多样、色号齐全的地方一下子选出合心意的物品，她们会获得非常高的满足感。而在购买高价物品时，她们则会收集相关信息，最后在价格更便宜的地方购买。在陈列着各种物品的购物中心，她们则会通过观察感兴趣的物品周围都有什么，记住其位置。

男性和女性的这些差异是如何产生的呢？

适应狩猎-采集时代的心理

人类祖先大部分时间都在非洲热带草原上过着狩猎-采集生活。大约 1 万年前，随着农耕的开始，人类开启了定居生活，创建了文明，文明时代在人类进化的时间中所占不到百分之一。其余的数百万年间，我们祖先适应了在非洲热带草原狩猎-采集的生活。他们必须躲避狮子和鬣狗等可怕的捕食者，还要寻找新鲜的食物，物色有魅力的异性繁衍后代。在此种情况下，应对问题时的心理因素对生存产生了重要影响。因此，自然选择使我们产生了无数独特的心理适应。

经过数百万年的狩猎-采集生活进化而来的心理，距离适应农耕社会或现代工业社会的最优心理状态，还有非常遥远的距离。要出现心理适应，必须有与之相应的复杂神经结构，这需要经历数千代乃至数万代的进化过程才能够实现。无论是始于1万年前的农耕社会，还是始于约200年前的工业社会，在引领心理结构发生有意义进化的变化上，无疑都是非常短暂的时间。所以，人类学家经常说我们现代人的头盖骨里依然存在着石器时代的心理。我们体内的石器时代心理到底是什么呢？

在狩猎-采集时代，男性主要负责猎杀大小动物，而女性则负责采集果实、植物根茎等。在广阔陌生的地方猎捕动物与在熟悉的地方寻找隐蔽的植物，都需要不同的技能。

猎捕大型动物时，集体合作比单枪匹马更有优势。再者，利用好的狩猎工具是成功的决定性因素。如今，男性比女性更能适应诸如军队和团队运动等团体活动，并且对汽车和机械玩具狂热不已。这些特征说明过去猎人的习性依然存在。

另外，采集需要记住各种植物的位置，还要注意孩子的哭声和防御天敌的袭击，所以同时处理多件事情的技能逐渐娴熟。在现代，女性同时处理多件事情的能力也比男性强。爸爸们在打扫卫生时，一听到体育节目的声音，就会只盯着电视，根本听不到电话声响，而妈妈们则可以边打电话边做饭，同时听到孩子哭了，还能立刻跑过去。

需要补充的是，还有其他原因导致前面提到的与购物相关的性别差异。追逐猎物时，经常会来到离家较远的陌生地方。因而当狩猎结束后，猎人必须背着猎物，抄近道尽快回家。在寻找回家的最短路径时，不一定要原路返回，与其依靠路标寻找道路，不如利用东西南北方位更方便。因此，男性观察周围环境、确认自己所在位置、认识周边空间以及寻找道路的能力更强大。一般来说，男性比女性更擅长看地图和在陌生的地方导航。

相反，女性在与采集相关的空间侦察能力方面表现优异。要做好采集工作，就需要分清住所周边熟悉场所内的各类草木、岩石、果实、根茎，并记住它们的排列顺序。最新研究结果表明，在辨别各类事物并记住其位置方面，女性比男性拥有更卓越的能力。在传统市场进行的一项实验结果表明，女性比男性能更准确地记住各种水果和蔬菜的陈列位置。有意思的是，越是营养丰富的水果，女性比男性的记忆越准确。当然，在像购物中心这样特定的空间内，男女探知方向的能力也不一样。

　　进化心理学家指出，为了处理外部传入的信息并产生更适合生存的行为，我们心里安装了很多"心理适应"或者说"进化心理机制"。也就是说，我们的每一个行为都不是由自然选择直接设计的，而是由特定的刺激与行为相互交织的心理机制设计的。例如，我们不能分解构成植物细胞壁的纤维素，就算再饥饿，我们也不会想吃那些坚硬的树枝。但能够分解纤维素的昆虫和草食动物，看到树枝则会流口水。

雄孔雀的尾羽与恋爱本能

在世界任何地方，人们眼里有魅力的面容都具有共同特征。它们包括干净的皮肤、匀称的五官、清澈的眼睛、健康的牙齿、浓密的头发。这些既是健康和年轻的体现，也是寻找配偶时的重要参考因素。不仅如此，在寻找配偶时，人们还会认真考虑智力、经济能力、兴趣爱好、家庭环境等各种因素。因此在确定关系之前，会经历一个通过恋爱来充分了解、磨合的过程。而这种心理适应的背后，有像在自然选择中生存下来的强大选择性压力在发挥作用，这就是性选择。

其实，在性产生之前，生命体会把自己的基因平等地遗传下去，所以只要某个个体的一代没有整体灭绝，就不存在代际差异或"死亡"。也就是说，繁殖没有选择，只有复制。但在生命的进化过程中，两种生殖细胞结合起来形成新的基因组，从而繁殖后代的"有性生殖"出现，生命变得不再单调，呈现出多样化特征。即使是同一物种，相互之间也出现了差异。为了把更好的基因传给后代，雌性和雄性必须仔细挑选配偶。

有时，这样的性选择会与自然选择背道而驰。看到雄孔雀的尾羽又长又美，达尔文提出了疑问。为什么雄孔雀没有褪去这种既容易被捕食者发现又不利于飞翔的羽毛呢？这完全不符合自然选择呀！理由只有一个，那就是，雌孔雀喜欢拥有华丽尾巴的雄孔雀。虽然华丽的尾羽不利于生存，却是拥有健康优质基因并且魅力四射的雄性的标志。

继达尔文之后，英国遗传学家罗纳德·费雪也对雄孔雀尾羽产生了浓厚的兴趣。他认为，装饰性尾巴的进化是雄孔雀根据雌孔雀的喜好将自己的性状延续到下一代的"失控性选择"。以色列生物学家阿莫茨·扎哈维则指出，

雄孔雀的尾羽

雄孔雀华丽的尾羽虽不利于生存，但标志着它是一个没有被寄生虫感染的健康个体，也标志着其摄取了充足营养

虽然华丽的尾羽不利于生存，但雄孔雀却生存了下来，这其实也是证明其能力的一种手段。这也告诉我们，成为障碍的因素反而可能是优秀的基因，维持奢侈的装扮本身，就是保证雄孔雀适应度的指标。

与动物的装饰性进化只发生在雄性身上不同的是，人类的女性与男性分别发生了独特的性装扮。大多数动物在繁殖方面是雌性的选择起着决定性作用，而人类女性和男性的选择都非常重要。观察男女性状的差异，即便是与类人猿相比，人类也表现出明显的区别。这虽是为了在同性性竞争中获胜而进化来的产物，但同时也是男女之间相互选择配偶的证据。这种方式改变了人类的身体，性器官、乳房、臀部、胡须、头发等性状进化成了择偶时所依据的性选择适应度指标。

适应度

影响个体生存的基因或性状通过繁殖传递给下一代的程度。可以认为，活到成年的后代数量越多，个体的适应度越优异。

众所周知，干净的皮肤、浓密的头发、匀称的五官等散发魅力的外貌，是拥有抵抗传染性病原体基因的体现。那么，不同文化中对配偶的身体吸引力的重视程度不一，也可从进化方面来进行解释。即，因为外貌是其对病原体的抵抗力的表现，所以病原体多的地方的人比病原体少的地方的人，更加挑剔配偶的外貌。在调查 29 个文化圈中病原体分布与对未来配偶外貌的重视程度关系时，发现越是病原体多的地方的人，越重视未来配偶的外貌。

美国心理学家德文德拉·辛格认为，即便是在不同文化圈中，大部分男性也都有自己认为的理想的女性身体比

例。他认为，女性的腰与臀的比例符合生殖和生育的解剖学结构，是健康的证据，也是没有怀孕的适应度指标。也就是说，他认为男性的择偶取向影响了女性的身体。

那么，男性的阴茎比其他灵长类相对较大也是因为女性的喜好吗？有趣的是，男性和女性有不同的择偶取向。男性喜欢的是女性可乐瓶形状的身材，而女性关注男性是否具有社会经济能力或体贴的性格。即，女性在择偶时，男性阴茎的大小并不是特别重要的因素。人类学家贾雷德·戴蒙德指出，男性阴茎变大，是为了在同性竞争中获得优势，是为了向男性炫耀而进化的产物。相比阴茎的大小，女性认为高个子与宽肩膀更富有魅力。

进化心理学家杰弗里·米勒指出，人类比类人猿的大脑更大，因为这是体现人类基因特别优秀的适应度指标。除人类外，其他动物也会为繁殖而本能地炫耀可显示自身适应度指标的特性，享受繁殖的优势。米勒认为，在人类有趣的本性中，炫耀的特性也是由性选择进化而来的心理适应，是向异性传达自身价值的一种手段。

米勒提出了"昂贵信号假说"，主张人类展现的自身特性只有付出一定的代价或牺牲，才会被接受。这意味着展现自己的方法越困难，越不容易作假或被模仿，价值也就越高。如果展现自己的方法很简单，就很容易作假，价值也就相应降低。例如，像钻石这种昂贵又稀有的礼物，既象征送礼物者的富有，也代表对真心喜欢的人的承诺。昂贵信号假说也体现在不是为了取悦自己，而是在意他人眼光所以购买名牌或高级车等过度消费行为中，过度的捐赠或慈善行为亦然。

米勒还指出，人类为了向异性显示自己的魅力，还制造了幽默、爵士乐、宗教等独有特征。将人与类人猿区别开来的一个方面就是人类具有特有的心理适应。创造力、复杂的语言、道德的感受性、需要付出超乎常理的时间和精力的艺术等特点，都是其他动物不具有的。米勒认为这也是通过性选择进化而来的适应度指标，尤其雌性是性选择的主体，所以男性的这种特性与雄孔雀的尾羽无异。男艺术家最优秀的作品通常创作于性欲旺盛的时期这一点佐证了他的观点。

达尔文虽主张性选择，但终究没有对雄孔雀尾羽为何变得华丽给出明确的结论。雄孔雀的尾羽吸引了雌孔雀，同时也吸引了生物学家、遗传学家和心理学家的关注。因为人类也像雄孔雀炫耀尾羽一样，热衷于过度彰显自身的长处、地位和形象。经济学家试图解释人类对奢侈品的占有欲与炫耀性消费，而社会学家则侧重研究为什么男性比女性更喜欢财富和权力。这些研究让我们注意到了进化心理学的发现，虽然目前存有争议，却告诉我们性选择的进化性压力是如何影响了人们的心理。此外，教育心理学者关注青春期的学生为什么叛逆及为什么会注重外貌，认知科学家关注人类的创造性，这些都能从进化中找到答案。

利他行为与道德情感

达尔文认为，在自然竞争状况下，个体会朝有利于自身生存和繁殖的方向进化。但同时达尔文也有一个挥之不去的疑问，那就是为什么包括人类在内的很多动物会帮助其他个体并分享食物和信息呢？用自己的时间、精力和资源帮助其他个体的利他行为对生存或繁殖并不利。

对此，最早做出回答的是汉密尔顿法则（亲缘选择理论）。汉密尔顿法则如下。

假设亲缘关系为 r，从利他行为中获得的收益为 B，该行为的成本为 C，那么下面的关系成立。

$$rB > C$$
r= 亲缘关系，B= 收益，C= 成本

简言之，由利他行为获得的收益 B 乘以亲缘关系 r，如果乘积大于该行为的成本，那么该行为最终有利于将基因传给后代。即，对亲缘关系越近的个体，越可能做出利他行为。因为即使牺牲了自己，也有可能通过亲属将自身的基因传给后代。

还有另一种解答。进化生物学家罗伯特·特里弗斯指出，如果帮助另一个个体后确实得到了回报，那么利他行为就会为生存提供有利条件。他所说的相互利他主义存在于帮助他人后可以获得等值回报的互惠关系中。前面我们曾经提到过，随着社会性成为大脑的固定功能，

脑容量增加了。不论是尼古拉斯·汉弗莱所说的预测与
操纵对方行动的能力，还是罗宾·邓巴所说的决定群体
规模的认知能力，都是人类社会群体中相互利他提供的
生存基础。

　　杰弗里·米勒认为，人类的利他行为是在群体中获得
更高地位的社会特质，也是通过性选择繁殖更多后代的重
要指标。亲切待人，为他人献身的行为是道德领导力的体

现，相应地获得受尊重的地位的机会也会增加。在灵长类社会中，通过这种方式上升到较高等级的行为，关系到繁殖是否成功。米勒指出，人类的捐赠行为其实也反映了自身炫耀的欲望。利他行为是照顾他人的行为或能够完全覆盖这些行为的成本的适应度指标，可有效俘获女性的芳心。

社会心理学家乔纳森·海德指出，像厌恶等道德情感是我们祖先在社会生活中为解决适应问题而形成的心理机制。在承受自我牺牲或代价的情况下，仍帮助别人的行为被称为道德情感，除了同情、怜悯、羞耻、自责外，愤怒、厌恶等排斥别人或引发复仇的情感也属于该范畴。我们在进行道德判断时，直观感受与基于合理性做出判断的推理能力共同发挥作用。道德情感是人类与类人猿分化之前从共同祖先那里继承而来的，而推理能力则是很晚才进化而来的，因此大部分情况下，直观感受先于推理发生作用。

比起正面刺激，我们的脑对负面刺激更敏感。负面刺激能引起血压升高、心跳加速等生理反应，因为负面信号对生存造成的影响更大。反感或厌恶等情感会导致个体在群体中做出有害行为，或导致拒绝、疏远别人。厌恶范畴从原本对食物的排斥扩大到死亡、卫生等动物性特征，畸形、肥胖等身体的不正常，人际关系的变质，个人权利或尊严以及社会地位受损等道德层面（道德厌恶）。

来自感官的刺激经过中间神经元达到更高层次时，大脑的神经元网络就会有意识地去识别信息并采取行动。这需要一两秒的时间。但有相当一部分刺激在脑中不经过意识，通过已形成的回路发生作用，变成无意识的行动。例如，恐惧等情感主要经由杏仁核，在察觉到曾经历过的危险信号时，回路就会立刻发出逃跑或战斗的信号。因此当面对这种情况时，我们不自觉地会先回避。当然，不能因此就认为推理是无用的。我们也在不断尝试解释自己的道德判断、行为和情感。对某一行为做价值判断时，若该行为不符合道德规范，就自动向回路发出否定信号，抑制反应。

从个体层面进行道德判断或做出某种行为时，自身情感或已在神经元网络中形成的回路会将其朝着合理的理性调节，这样的行为看似是由自身内部要素决定的。但其实我们与其他灵长类动物一样，是在群体中进行相互作用的社会性动物。就连被认为具有独立特性的"我"的神经元网络，也被置于与他人相互影响的社会关系中。作为具有社会性的动物，人类不仅了解自身的情感，还能读取和预测他人的情感及思想，并产生互动。人类是如何理解他人的内心的呢？

模仿能力与社会性进化

1978 年，美国心理学家戴维·普雷马克和盖伊·伍德拉夫发表了有关"黑猩猩也有心智理论吗？"的实验结果。心智理论也叫"心理推测能力"，通俗地说就是小孩子也能认识到自身与他人经历、信仰、欲望、意图的不同，会在考虑对方内心的基础上理解对方的想法、情感和行为。心理学认为人类的社会特性是与生俱来的，因此能与他人进行良好的沟通。而孤独症患者这部分出现了异常，所以在与他人交流或社交互动时遭遇障碍。那么，黑猩猩也有心智吗？对引发 30 多年争议的该问题，普雷马克和伍德拉夫得出的结论是，黑猩猩也能认识到对方的立场，能理解目的和意图并将其反映在行为中。灵长类动物学家弗朗·德·瓦莱也指出，经常在类人猿群体中发现理解对方需求并配合对方的行为。试图理解他人内心的社会特征是包括人类在内的社会性动物都具备的心理适应机制。

意大利神经学家贾科莫·里佐拉蒂在猴子的大脑中发现了调节运动的神经细胞。该神经细胞在猴子看到人类吃花生的行为时，也会像自己使用手时一样做出相同反应。也就是说，观察或间接经验，甚至听到可以联想到相关行为的话语时，该神经细胞都会像自己直接参与了行动一样活跃起来。据此，里佐拉蒂将这个神经细胞命名为"镜

猴子的模仿能力

猴子的镜像神经元主要位于负责运动的区域，因而，猴子虽可以模仿简单的动作，却无法模仿其他高难度动作

像神经元"。

神经学家马尔科·亚科波尼发现，镜像神经元同时活跃在情感中枢边缘和大脑皮质中。实验对象在观察带有恐惧、喜悦、愤怒、悲伤、惊讶、厌恶情绪的面部照片时，或者被要求模仿这些面部表情时，镜像神经元都会活跃起来。因为镜像神经元能将他人的行为识别为自身的经验，能引起共鸣，并诱导产生模仿和学习能力。相反，模仿或共鸣能力低的孤独症患者，镜像神经元的反应明显迟钝。大多数人会为了把握他人的行动意图，或为了与他人产生共鸣，建立社会关系和互动，而与他人进行交流。在我们

的社会生活中，镜像神经元起着非常重要的作用。

　　孩子们通过模仿来学习语言和其他行动。当他们为了模仿而仔细观察他人的言行时，脑中的镜像神经元就会积极做出反应。利用镜像神经元的模仿功能进行学习的能力非常高效。例如，北极熊为了抵御酷寒，会用皮毛包裹自己的身体。这也许是经历了数千年乃至数万年的进化才获得的结果。而因纽特人的孩子就不一样，他们在熟悉周围的环境并看到父母捕熊制作皮衣后，几年内就会学会抵御寒冷的方法。父母为了抵御寒冷（目的）想要制作皮衣（目标），所以捕熊制作皮衣（操作方法）。他们只需观察这个复杂的过程，就能完成认识和学习。

　　那么，具有镜像神经元的猴子也和人一样吗？目标明确时，猴子的镜像神经元就会变得活跃；而当目标模糊时，镜像神经元则不会那么活跃。因为猴子的镜像神经元不能理解操作方法，通过单纯的模仿也不能实现对技术和知识的学习。猴子的镜像神经元主要位于脑中负责运动的区域，而人类的镜像神经元则像网络一样遍布脑的各个部位。虽然我们的身体非常脆弱，但得益于镜像神经元的存在，我们能在残酷的环境中利用共鸣能力建立社会关系，并通过模仿和学习技能，适应环境生存下来。这些能力已经成为人类道德情感和文化等独有的特征的基础。

　　婴儿一出生就会形成比起其他女性的脸，更喜欢妈妈的面部的倾向，出生 3 天后就可以模仿几种面部表情，再过几个月就可区分陌生的面孔，获得感知情感、表现差异的能力。婴儿的这种倾向，是为了增进与父母感情的心理适应。如果婴儿最先认出自己的保护者并能引起他们的注意，那就可以与保护者获得情感上的交流，从而得到适合的养育。

　　心理学家阿尔文·戈德曼发展了心智理论，提出了通过观察他人的行为或表情，并在脑海中加以模仿，从而理解他人的情感与意图的理论。即通过模仿来读懂对方的内心。这种模仿是无意识的，通常在 18 个月左右大时，你能站在别人的立场上在脑海中刻画自己的形象。

　　大部分灵长类动物和狗都可以通过"视觉"理解他

镜像神经元的分布

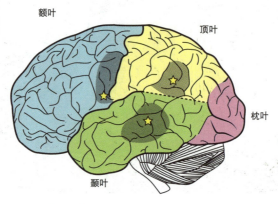

额叶

顶叶

枕叶

颞叶

⭐ 镜像神经元活跃的部位

镜像神经元集中分布在大脑的三个部位，分别是额叶前运动皮质下、顶叶下和颞叶中央。镜像神经元之间互相传递信号，处理信息，把握所感知行动的意思

人的想法。有实验显示，黑猩猩会倾向于在监视人看不到的方向觅食，或使用障眼法接近食物。在进化过程中与人类产生亲密关系的狗，也有卓越的理解人类想法的能力。模仿他人时投射感情的行为被称为"移情"。移情是指在预想到不愉快时，大脑产生与这种不愉快真正发生时一样的活动，这种行为与镜像神经元关系密切。这种移情不仅出现在猴子身上，也在一定程度上存在于老鼠与鸽子

身上。比如，当老鼠获取食物时，如果看到其他老鼠因此感到痛苦，它就会停止觅食；如果给黑猩猩看其他黑猩猩打哈欠的视频，就会有三分之一的黑猩猩也跟着一起打哈欠。接受他人的观点，顺应他人的感情，这意味着社会性动物具有镜像神经元，并具有一定的社会性。那么，人类的社会性能力有何不同呢？

婴儿看到身边的婴儿哭泣，就会产生痛苦情绪，并跟着一起哭。进而，人类能感觉到别人所传达的感情，并有意识地去加以理解，从而实现"移情"。罗兰·诺伊曼与普里茨·舒特拉克的实验显示，即使是完全没有社会性动机的人，也会被别人的情绪影响。据说，当一个陌生人给我们阅读哲学书籍时，我们会随着他说话的语调感受到他的心情。想象是一种高度的感情模仿，会影响我们的身体行动。单凭对弹钢琴的想象，就能让真正弹钢琴时发挥作用的大脑区域活跃起来。通过想象，可以超越信息的范围，可以重新判断现状，唤起过去的记忆和情感或规划未来，从而将自己与过去、未来联系在一起。此外，想象将无意识的模仿和有意识的因素结合起来，使我们不用直接体验就可学到对生存有利的信息。再者，语言、音乐和对话在传达情感时，使人类的模仿变得更复杂。人类的社会群体规模越大，这种心理适应就越会成为强有力的手段。

根据罗宾·邓巴提出的"社会脑假说"，复杂的社会生活促使人类大脑发达起来。包括人类在内的灵长类动物，通过个体间的相互作用建立社会关系，这些社会群体的大小

动物的集体生活

社会性昆虫——蚂蚁和蜜蜂——通过有效的分工合作维持集体生活，它们不断与蜂王或蚁后沟通，并发挥自己的作用。鸭子或企鹅则只在需要的时候才会聚在一起，它们聚在一起有时是为了繁衍后代，抵御天敌，有时则是为了保证季节迁徙时的安全。斑马、瞪羚等也会为了在捕食者的口下求生存而结群。狼和狮子则是为了集体捕食而聚在一起的。虽然为了生存而进行集体生活的动物非常多，但很难说它们都建立了社会关系并形成了社会。

在南极零下 50 摄氏度的酷寒中，帝企鹅们将身体紧密贴在一起，缩成一团，以维持集体的体温。当站在外面的企鹅体温下降时，里面的企鹅就会与其交换位置，以此来守护幼崽和蛋。

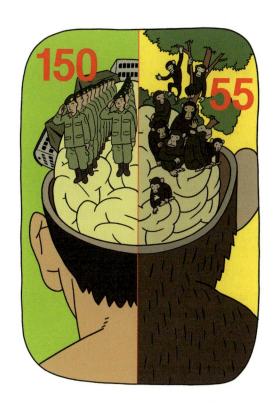

取决于大脑新皮质的大小。黑猩猩的社会群体可达 55 只，
而人类的社会群体可达 150 人。大脑新皮质可以提供维持
逻辑、语言、抽象思考、创造力和社会纽带的核心功能，
以及适应快速变化的环境的学习能力。

　　像这样随着群体规模的扩大，预测和控制其他个体行
动的能力就变得尤为重要。特别是建立社会关系的人越
多，通过模仿移情或表现亲近感的行为，就越可以促进人
与人之间的互动，从而使周围的人采取积极的行动。积极

的感情表达或反应是社会支持的核心因素，具有减少社会成员压力的效果。为了维持高水平的社会关系，人类培养了两种能力，即为了未来控制自己行为的能力和分辨并惩罚欺骗自己的人的能力。为了追求未来的价值而扼制当下的感情体系的行为，以及为集体利益而进行的社会合作行为，打造了人类社会的规范，从而使集体规模变大后，人类也依然能维持秩序。

狩猎-采集社会以水等资源为中心，农耕社会以土地为中心形成村落，人类共同体得到扩展。研究结果显示，与个人建立关系的集体，从以个人为中心扩展到亲密群体（5人左右）、狩猎群体（15人）、露营群体（50人）、共同体（150人）、结婚交换超大群体（500人）、语言交流不足群体（1 500人），群体规模越大，为维持关系产生的感情，也从安心、不安等内心情绪，演变为恐惧、愤怒、幸福、悲伤等原始感情，而后发展为自责、羞耻、同情、自豪等能理解他人内心的社会性感情。脑科学家指出，认知内心的过程作为一种共鸣机制，与多巴胺系统的奖励机制共同发挥作用，它们使人类形成了社会学习这一独特的适应机制。多巴胺系统给产生积极结果的行为带来愉悦感，这类情绪奖励使行为得到强化。随着社会网络的发达，大脑每次在学习不断增加的新信息时，会感到困难。为适应这种变化，人类通过集体学习，奠定了人类文明的基础。

幸福是什么?

"幸福住宅""幸福都市""幸福时间""幸福点"……最近,社会上广泛使用"幸福"。韩国宪法第10条规定了"追求幸福的权利",与幸福有关的励志书籍销售火爆,中学课本里也在深入探讨幸福的意义。高中课本中还写道:幸福是人生真正的目的,每个人都想过上幸福的生活。那么,幸福的定义是什么呢?词典里有关幸福的解释是"在生活中感受到充分的满足和快乐的状态"。

不同时间和空间中,幸福的意义也不一样。在有的社会中,如果得到物质上的安定,人们就会感到幸福;而如果是受宗教影响比较大的社会,人们也许会把可奉上帝指引而生活作为幸福的标准。最近,人们开始用数值来计量幸福,并公布了不同国家的国民幸福指数(GNH)及排名。据此,有报道称,经济上并不富裕的不丹位居国民幸福指数排行榜第一位。看到物质生活并不富裕的不丹人对自己的生活如此满足，我们有时也会反省自己，羡慕不丹人精神上的富有。而这样的幸福指数是如何计算出来的呢？

事实上，国民幸福指数是根据不丹政府统计发布的经济增长、环境保护、文化发展、政府善治等主要指标计算出来的。我们会发现这些指标对不丹是有利的。因为不丹现在还未实现工业化，所以在环境保护、文化发展等方面获得高分。也就是说，国民幸福指数包含了不丹政府的私心，是不丹为了向国内外树立一种自己虽然经济困难但精神富裕的形象而发布的结果。事实上，其他与幸福相关的指标，也常常代表各个机构的利害关系。

虽然"幸福"一词好像由来已久，但其实才使用了200多年而已。在英语中，"happiness"的原意是幸运（good luck）。随着英国功利主义哲学家杰里米·边沁提出了"最大多数人的最大幸福"，"幸福"才第一次被用作现在的含义。而在东方，日本明治维新时期翻译外语时才第一次使用"幸福"。

最早使用"幸福"一词的"功利主义"，将效用和最大幸福当作道德的基础。无论采取何种行动，能增进幸福，就是正确的，如果与幸福相反，就是错误的。这里所说的幸福就是快乐，即没有痛苦。其实，幸福的概念在除英国之外的欧洲国家并不常用。法语中代表幸福的"bonheur"意为"好时光"，德语的"gluck"则"幸运"的意思更强一些。可以说，"happiness"起源于英国，而且主要在英语圈使用。

在过去的不同时代和地区人生目标不同，对幸福的理解也不同。印度教视忙于自己该做的事为人生目标，佛教把追求内心的平静作为人生目标，基督教把获得神的恩宠作为人生目标，儒家则把仁视为目标之一。贝多芬为艺术奉献了自己的一生，伽利略则为学术走上了艰苦的道路。如此，与其说他们实现了物质上的幸福，不如说是有了像自我实现这种精神上的满足。

美国在发展资本主义的同时，通过"美国梦"所代表的物质的、具体的幸福，树立了理想即将实现的形象。让美国式的"幸福"更上一层楼的是日本。日本是世界上第一个将"追求幸福的权利"写入宪法的国家，它将幸福从个人范畴上升到了国家范畴。也就是说，幸福成了受宪法保护的基本权利，是维持社会的价值秩序。1980 年，韩国也修改了宪法，将"追求幸福的权利"定为国民的基本权利。追求幸福作为基本权利受到法律保护，那么幸福的本质究竟是什么呢？

心理学中有一个解释了我们做事情动机的"驱力降低理论"。因生理性缺失导致身体稳态失衡时，假定此时产生了生理性欲望，身体处于觉醒状态，那么，这种状态就叫作驱力状态。有机体在有驱力时，会产生摆脱这种状态、降低驱力的强烈动机，并会根据这种动机采取特定的行动。降低驱力的行动有助于我们生存，所以作为回报，大脑会送给我们一个叫作"幸福感"的礼物。幸福是生存的重要手段。

进化心理学认为，大脑是过去生活在热带草原上的祖先遗传给我们的"生存指南"。像躲避狮子、分享肉给朋友、避开不洁之物以免患病，这些生存指南是以基因的形式储存在我们大脑里的。而且，这些信息刻在 DNA 上，不需要我们去刻意解读就可以发挥作用。当我们做出生存所需的行为时，大脑会给予我们相应的甜蜜回报。例如，我们吃食物时、与异性约会时、为冻僵的手脚取暖时，会感受到快乐和满足，体会到幸福。这样的回报让我们去狩猎并对异性产生兴趣。也就是说，我们可以认为，幸福的本质是促使我们为生存做出必要行为的遗传信号。

　　大脑的神经元网络释放控制积极情绪的神经递质。分泌促进身心安定和愉悦的 5-羟色胺，它能够诱发我们做出某些特定行为的动机；而调节像愉悦等奖励行为的多巴胺，以及诱发不安、压力的去甲肾上腺素，可以控制我们的感情。5-羟色胺水平高的人，感情起伏较小，身心较安定，对生活的满意度也就较高。有意思的是，5-羟色胺在人们边晒太阳边散步，或做拉伸、快走等运动时，或一边呼吸一边冥想时，以及细细品味美食时，分泌量增加。

　　人们都想变得幸福，但在短短200多年的时间里，人类的幸福以多种方式被观念化了。最初有关幸福的驱力只是对衣食住行的基本要求，但现在左右现代人幸福的指标却多种多样。例如，令人美慕的富裕生活，受社会肯定的职业和成就，名声、人气都是如此。然而，这些指标都不符合我们体内的幸福系统。在阳光明媚的日子里跟小狗一起散步，坐在公园的长椅上跟朋友闲聊，这些简单的事情足以给我们的大脑带来幸福感。

4 语言与集体学习的力量

"假设船上只有婴儿，他们有生存所必需的食物、水、房子等。那么，语言会在这里诞生吗？如果有可能的话，需要多少名婴儿呢？"

澳大利亚语言学家克里斯蒂娜·凯利曾向在多个领域研究语言的学者提出过这一问题。针对这一问题，有的学者干脆指出不可能产生语言，认为语言与沟通是两回事，语言植根于文化基础。有的学者认为即便只有两个人也会产生语言。有的学者主张一些人生存下来，经过几代人的繁衍，单纯的沟通就会发展成复杂的语言。迈克尔·阿尔比布与西蒙·柯比以尼加拉瓜的某个听力障碍群体中自然产生的手语为例，对此进行了论证。

1977 年，在尼加拉瓜成立了一所专门接收有听力障碍的儿童的特殊学校。这些儿童在家里受到孤立，没有接受过良好教育，只能使用简单的手势与他人交流。1980年，又开设了另外一所学校。到1983年，两所学校共有400多名学生。他们被教授西班牙语，但大多数学生不能领会单词的含义。不过这些学生之间却逐渐流行起了一种特殊的手语。400多名有听力障碍的儿童被聚集在一起后，原本在各自家庭中进行沟通的手语及身体语言开始混杂，构成了一种前所未有的语言体系。这种也被称为尼加拉瓜手语的语言，以十年为一代，经过三代，便发展成了一种拥有复杂结构和语法体系的语言。该语言是人类历史上最近产生的语言，也是孩子们自己创造的语言，因此得到了研究语言产生和发展的全世界语言学家的关注。

所有的生命体为了在自然界中生存下去，会对其他物种的进化产生或大或小的影响。其中，人类产生的影响力相对来说是最大、最复杂的。从大历史的角度来看，人类文明开始之后，经历过三次转变，对地球上的很多生命体产生了巨大的影响。这三次转变分别发生于人类从狩猎-采集发展到农耕生活方式的时期，城市与国家产生后形成全球网络的时期，以及通过科学革命实现工业化的时期。

如果没有语言，就不可能实现上述过程。无论人的脑容量增加多少，工具制造了多少，社会群体的规模增大多少，如果每个人不能有效地将各自习得的经验与别人共享，就不会取得相应的发展。语言的存在，使得下一代不需要从头开始学习和习得各种经验，可以通过集体学习获得已经存在的文化和技术。人类就是随着拥有语言这一适应机制，从而在生态界中占有一席之地的。

蜜蜂的舞蹈与座头鲸的歌声

在自然界中，动物们在数亿年的时间里不断和周围的动物相互作用，发展了各自的沟通手段。很多研究结果都证明在动物之间也存在着"沟通"。

蚂蚁通过交换信息维持群体的生存。它们通过利用信息素进行化学沟通交流的方法来管理群体，同时还使用身体语言、声音、超声波等方法。蜜蜂利用信息素来把握蜂巢的位置，通过舞蹈向其他蜜蜂传递各种各样的信息。卡尔·冯·弗里希研究了蜜蜂的行为和感知能力，发现了蜜蜂的"舞蹈语言"。1973 年，他与洛伦兹和廷伯根共同获得诺贝尔生理学或医学奖。弗里希发现蜜蜂舞蹈的形态和速度传递的是花朵所在的位置，当花朵位于看不见的地方时，蜜蜂通过振动翅膀发出的声音来传递信息。

鸟类通过赋予叫声不同的意义进行沟通。世界知名的非洲灰鹦鹉艾利克斯通过与研究者互动，逐渐掌握了与人

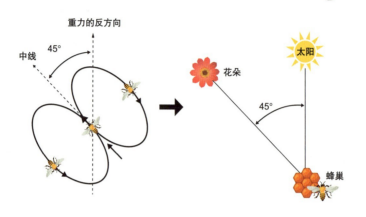

蜜蜂的舞蹈

重力的反方向

中线

45°

太阳

花朵

45°

蜂巢

蜜蜂的舞蹈根据距离花朵的位置而呈现出不同模式。当花朵在 100 米以内时，蜜蜂跳圆舞；当花朵在 100 米以外时，蜜蜂跳 8 字摇尾舞。8字舞的中线与重力的反方向之间的角度，与从蜂巢看花朵与太阳的位置时呈现的角度是一致的

类相似的语言。它不但会数数，还掌握了 100 多个单词，可以说出自己想要的东西，还会撒谎。这一现象打破了人们原本认为的动物不能进行有意义的对话的固有观念，使人们开始思考，鸟类可以创造性地使用语言，还可以进行逻辑思考。

20 世纪 70 年代后期，动物学者弗朗茜·帕特森教授教雌性大猩猩可可和雄性大猩猩迈克尔手语。它们可通过

抱着小猫的雌性大猩猩可可

第一只小猫死后，可可非常伤心。后来，可可又养了两只小猫，还亲自给它们分别起名"口红"和"小黑"

手语表达 200 多个单词，可以陈述过去和将来的事情，还会撒谎。可可还养过小猫，在小猫死后，它还会用手语表达自己的悲伤。类人猿用手语和人进行沟通的事情并不少见。心理学家加德纳夫妇曾教授黑猩猩瓦苏美国手语，瓦苏通过手语将单词组成简单的句子，表达诸如"请给我一个糖果"的意思。

生物学家休·萨瓦戈·鲁姆博夫教授雌性倭黑猩猩耶

基斯语时，在一旁看着的小倭黑猩猩坎兹反而学会了。坎兹使用图画文字，展现了自发性和创意性的沟通能力。坎兹主要使用人类能够理解的单词，将单词组合在一起构成新的单词。研究者发现坎兹的语言能力相当于一名 3~5 岁的孩子。通过这些研究示例，大部分语言学家承认大型类人猿在一定程度上具备语言能力。最新的研究成果显示，对人类的语言能力起到决定性影响的是大脑半球两侧部分的颞叶，而倭黑猩猩也具有同样的结构。

鲸类的沟通方法比其他动物更为独特。科学家们主要使用声学技术探究鲸类的沟通方式，发现它们通过超声波进行沟通，不同种的鲸使用不同的语言。海豚可以组合 700 多种声音作为自己的语言。一部分海豚与其他种的海豚相遇时，还会努力寻找双方的共同语言，甚至能学会其他种的语言。每一只虎鲸都有自己特有的脉冲声（尖锐而短暂的悲鸣声音），不同地域的虎鲸使用各自的方言。

另外，据推测，长须鲸、座头鲸等通过"唱歌"进行沟通。特别是座头鲸的歌声中有时间间隔，这就像人类的语言通过缩略等变化逐渐得到进化一样，它们的声音还被记录在旅行者 1 号的唱片里。不仅如此，座头鲸还会跃出水面或用尾巴拍水，制造泡沫，进行集体狩猎或寻找配偶。

研究鲸语言的丽贝卡·邓洛普指出，鲸虽不像人类一样掌握了语言，但可以通过各种各样的声音表达超越人类词汇的意义。也就是说，动物也各自有自己的沟通方法和语言，甚至还有能理解人类语言的类人猿。还有一位研究者甚至主张，比起人类所了解的倭黑猩猩的语言，反而是

坎兹更了解人类的语言。也就是说我们现在并不是很了解动物的语言。不过从有关动物的研究成果中，我们可以确认，不能将语言看作人类独有的特征，而是人类语言从单纯的沟通进化成了复杂的发音语言，并且只有人类语言进化成了多元的体系。接下来我们看看人类的语言是怎样得到进化的。

人类语言的起源与语言基因的意义

听起来有些难以置信，但 19 世纪中叶后的一百多年里，人们连什么是人类语言的基础这样的问题都不能提。1866 年，巴黎语言学会宣称，语言的产生过程是无法证明的，并禁止进行相关研究。事实上在考古学中，可以通过化石推测人类脑部的形态、大小，脖颈或下颌是怎样得到发展的，但语言却没有留下任何痕迹，所以我们无法确认人类从什么时候开始说话，最初说出的是什么单词。总之，当时对语言起源的研究是禁忌。

在这个禁忌的世界里，只有一个人分析了人类语言体系并确立了语言起源理论，他就是诺姆·乔姆斯基。他认为语言是将人类与其他动物区别开来的根本特征，语言是与认知能力和说话行为有所区别的独特的能力。他认为有专门控制语言能力的大脑器官，主张语言在我们的基因中扎根。举例而言，有专门负责语法的基因。乔姆斯基主张所有语言都有自己的规则，人类大脑的某个位置有专门控制语法的领域。在全世界任何地方，婴儿出生不久后都能习得语言，基于此，他确信人的大脑是专为学习、使用语言而设计的。乔姆斯基关于语言起源的主张说明语言不是进化的产物。乔姆斯基在50多年的时间里一直是语言学泰斗，直到1989年，他的主张都没有受到任何挑战。

1989年，心理学研究生哈罗德·布鲁姆与年轻的教授史蒂芬·平克认为，就像在形成复杂的眼睛结构之前，很多细小的变化不断累积最终实现了生物学进化一样，有效的沟通可以给生存带来益处，所以语言也是根据自然选择进化的。他们主张语言也是经由长时间的完善、发展磨炼形成的，不是某一天脑容量突然增加，基因突然出现，人们就掌握了复杂的语言。他们有关语言的自然选择理论论文，1990年发表在《行为科学与脑科学》上，这使得在长达一百多年里一直沉默的语言的起源研究开始登上舞台。此外，年轻学者们与当时最了不起的语言学家乔姆斯基展开正面对决的勇气也一度成为话题，并使该领域的相关书籍与论文如雨后春笋一般涌现。

布鲁姆与平克掀起的语言是不是进化产物的争论，实则包含着语言是如何进化而来的。乔姆斯基的主张聚焦于语言基因，也有人主张某个基因突变导致了语言的进化。语言学家比克顿认为语言基因出现的同时，人的身体出现了诸如头盖骨开始增大，喉部下降的变化，并产生了掌握语言的能力。事实上，发现存在语言基因，就如同在追踪线粒体基因时发现人类之母夏娃生活在非洲一样，意味着人类发现了语言变化的端倪。由此，人们推测语言源于何时，如果只有人类拥有该基因的话，这就成为人类所拥有的独有特征的证据。这也进一步证明了语言是突变的乔姆斯基的主张。

2001 年，一篇论文的发表为该争论画上了休止符。当时，认知神经学者巴尔加·哈德姆对三代人都遭遇了语言障碍的 KE 家族进行了研究。哈德姆致力于寻找导致语言障碍的基因，最终发现了与先天语言障碍相关的 Foxp2 基因。KE 家族中有语言障碍的人其第 7 号染色体上的 Foxp2 基因只有一个。当该基因存在的结果发表后，人们欢呼终于发现了语言基因，即语法基因。

因研究 Foxp2 而闻名的遗传学者西蒙·费希尔重新定义了以往的语言基因。首先，他在心脏、肺部等组织中也发现了 Foxp2 基因，它起到打开、关闭其他基因的开关的作用，所以不能只将其与某一个特性相关联。语言学家菲利普·利伯曼主张 Foxp2 基因起到控制创意性思考、语言、跳舞等作用。已经具备的生物学结构影响控制语言

的能力的发挥，它是在慢慢发挥功能，与人类能够掌握复杂语言的能力没有直接的关联。该基因不仅存在于人类，还普遍存在于其他哺乳动物中，甚至比灵长类存在的时间更久。该基因还影响鸟类的叫声与老鼠的发声，对学习起到核心的影响作用。

婴儿能从父母那里学习语言，关键在于其有学习语言的能力和运用语言的能力。就像眼睛不是由一个基因组成的，也不存在单纯左右语言能力的基因。认知、运动、感觉等各种遗传特征相互交织，使人类能够很容易地学习语言，并有效地运用它。

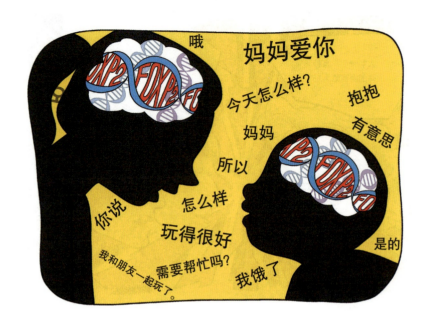

人类谱系图中也存在的语言特征

　　电影《猩球崛起》讲述黑猩猩恺撒的母亲因为服用了提高认知能力的药物，而使其子拥有了与人类一样的能力的故事。该黑猩猩在电影后半部分大喊"no"的场景，意味着它从一只聪明的黑猩猩进化成了能够说话的黑猩猩，也说明它是一只超出人类想象的优秀的黑猩猩。但事实上，黑猩猩真的聪明到能掌握语言，能说"no"的程度吗？严格来说，理解语言和能够说话是不一样的。能够发挥语言能力的大脑的发达程度固然重要，但也要有支持说话的身体条件。人类能够以每秒 15 ~ 20 个音节的速度正确地发音，这本身就是人类具有语言能力的重要构成要素。人类祖先不断进化，逐渐具备了能够说话的身体条件与能够解读话语信号的大脑结构，让我们来看一下在人类谱系图中，语言的特性是怎样实现的。

罗伯特·普罗文认为，事实上人类就是在能够靠双脚行走之后，才具备了说话的可能性。以四足行走的类人猿为例，无论是行走还是跑步，前肢所受到的来自地面的冲击力要想被吸收，需要更加坚实的胸廓，这就需要肺部能最大限度地膨胀。双脚行走切断了呼吸方式与行走之间的关系，使呼吸变得更加柔和，从而使说话成为可能。

据悉，发音语言最早出现在距今 250 万年前的能人时代，能人比南方古猿的脑容量大，四肢更长，可以使用手斧等工具，逐渐意识到想要生存下去，就需要形成更大的群体。于是，能人的群体逐渐进化为更大更复杂的集体，成为结构更精巧的社会。研究者发现直到能人时期布罗卡区才出现扩大，但由于身体的限制，能人不能像现代人一样发出声音。

1861 年，布罗卡发现了大脑皮质中存在与控制人类语言领域相关的布罗卡区。他指出负责身体右侧运动神经的大脑左半球的相应区域如果损伤，将在语言产生方面造成缺陷。"布罗卡失语症"就是不能为说单词调整舌头，患者在语法理解上也存在困难。布罗卡区存在缺陷的患者中，约有 80% 除了语言能力外，右手、右臂、右腿的运动也存在问题。与布罗卡失语症不同的是"韦尼克区失语症"，这是一种能够说话但不能理解意思的失语症。布罗卡区是语言生成的重要领域，而韦尼克区则在理解语言方面起到重要作用。此外，连接布罗卡区与韦尼克区的部位的缺陷导致的语言障碍，会使人虽然能够认识事物、理解状况，却不能用语言表达出来。

脑科学家海伦·内维尔指出听力障碍者用手语表达句子时，与正常人听到话语时一样，都是布罗卡区与韦尼克区在发挥作用。听力障碍者在阅读时，该领域不能发挥作用。还有，如果布罗卡区的前部存在缺陷，就不能正常表达手语，后部存在缺陷的话，就会在理解手语时产生障碍。大脑受损，在语言理解与制造语言能力方面有障碍的人，连手部动作都无法正常进行。反而是孤独症患者中有一些从小开始学习手语，逐渐具备了语言能力。在说话时，布罗卡区控制舌头的运动，在精巧地使用手时也发挥了作用。一些学者指出能人开始使用工具，使手部动作得到了精细发展，从而使特定区域得到发展，当能人进化到直立人时，该区域就开始进化为布罗卡区。

事实上，直到几年前，大多数人认为，负责语言能力的区域是单独存在的。但随着磁共振成像技术的发展，人

布罗卡区与韦尼克区

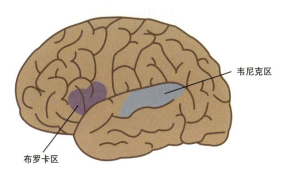

布罗卡区与韦尼克区分布在大脑左半球，负责语言的生成与理解。布罗卡区负责排列单词形成句子和说话等语言运用，韦尼克区负责将感知到的信息理解为语言和解释语言的意义。两个区由神经束连接，相互交换信息，管控语言能力

们发现了人类使用语言时，发挥作用的部分分布在大脑左半球，并且不同个体之间存在差异。菲利普·利伯曼指出，除了布罗卡区与韦尼克区之外，也有大脑皮质和位于皮质内的脑结构发挥作用，它们也是承担组织词汇、发音与知觉、语法，掌控说话所需的运动等语言能力的神经元网络的一部分。即，拥有语言性质的特定基因并不存在，也不存在为控制语言能力而单独存在的特定区域。脑通过尖端科学都无法把控的复杂的神经元网络发挥作用。个人

拥有怎样的经验，集中学习了什么，等等，都对神经元网络的形成起到了极大的作用。

科学家从出现在 190 万年前的直立人化石中，发现了能明确发音说话的身体特征以及早期的发音器官。他们以肉食为主，得到了充分的能量供给，脑容量变大，脖颈变长，舌头和喉部向下颌内侧微收，形成了早期发音器官。不过，脊髓的通道比现代人要窄，不能很好地控制呼气，所以只能发出较短的声音。与类人猿相比，人类喉部随着食道和鼻腔的分离，其中的会厌起到阀门作用，分离进入肺部的空气和进入食道的液体。大多数动物可以一边呼吸一边喝水，但人类不能。

据推测，直立人通过简单的语言，形成了更大规模的群体，实现了社会性结合。特别是研究者发现了直立人有长距离集体移居的痕迹，由此可见其制订了复杂的计划，要共享这一计划就需要有效的沟通。

尼安德特人与智人曾共存。语言学者们在分析尼安德特人灭绝、只有智人幸存的原因时，指出两者之间存在语言能力的差异。两者发音器官的结构完全不同。尼安德特人喉的位置与舌头的形状比起智人，更接近于大猩猩。智人在婴儿时期像大猩猩一样，喉位于上端，所以不能很好

类人猿与智人的发音器官

● 舌头　　● 舌骨　　● 会厌　　● 声带

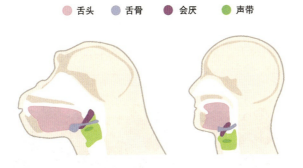

类人猿的喉部与肺部直接相连，难以调节呼吸时进出的空气量。人类的喉中有会厌，可以调节空气量，进而精妙地发出声音。要想说话，重要的是有足够的空间让舌头移动，类人猿的上颌与会厌之间的高度差异较小，运动较为单调，而人类则拥有可以正确发音的满足舌头运动的空间

地发音，而到了 14 岁，喉下降到中间位置，就可以更好地说话了。

　　智人的发音器官是在大约 10 万年前发现的，与现代人几乎相同。其能够使用非连续的发音语言，而出现能够精妙使用发音器官的语言，则是距今约 4 万年的事情了。

　　人类与其他动物都有产生语言的生物学装置，但人类从灵长类的分支上分化出来后发生了很大的变化。迈克尔·阿尔比布认为，语言能力不是在决定性的转折点一下

子实现了极大的飞跃，而是呈螺旋形上升，经过层层发展，最终获得了进化。人类拥有比伶俐的黑猩猩和倭黑猩猩更复杂的模仿能力，改变了受限的发音器官，从而能够发出正确的声音。面部肌肉与嘴唇的运动增加，产生了赋

予声音意义的单词，话语与语法变得复杂，可以进行流水账似的对话和琐碎的谈话。有人可能会谈起前一天晚上做的梦，有人会唱情歌，还有的人会讲星座的故事哄孩子睡觉。一部分人聚在一起策划集体打猎的战术，一部分人分

享什么植物有毒，什么植物可以定期收获，制订迁居到更暖和的地区去的长期计划。

1871 年，达尔文出版了《人类的起源与性的选择》，他指出，语言不是有意识的发明的产物，而是由于物种分化产生了新的物种，然后经过多个阶段，逐步进化而成的。达尔文指出，如同哺乳类的共同祖先中产生了马、大猩猩、鲸等多个物种一样，人类的语言也在时间的流逝中像生命之树一样不断分化，例如，拉丁语族中逐渐演化出了意大利语、法语、西班牙语等现代语言。现在我们使用的语言中有从 600 万年前的祖先那里继承来的部分，也有和我们一起工作的同事、生活的家人共有的部分，还有为了适应生存而产生的新部分。

站在巨人的肩膀上

人类的语言拥有独特的体系，我们使用的单词中有与特定声音对应的事物或情况。即便是同样的单词，根据其在语法中的使用，也会呈现不同的意义。名词有复数、单数之分，动词可以表示时态。另外，指代事物、场所等单纯信息的单词与带有象征意义的单词结合起来，可以组成多样的表达方式。就像死亡、和平、神等抽象概念，可以用"去天堂""鸽子""太阳"等具体事物或情况来表述一样。

要实现语言体系的进化，除了身体要发生相应的进化因而能够说话之外，还需要值得说的内容。这不是因为人们可以开口说话了，能说的话就多了，是因为从某个时间节点开始，智人具备了复杂的沟通技术，其能够表达的信息越来越多。

细想起来，语言是传递信息的手段，说话人向听者传递信息，听者从中获得信息，获得信息更有利于生存。即，无论是哪一方选择了倾听，人类的语言都不会变得如此复杂。那么，为什么人类的语言会朝着复杂的方向进化呢？群体的规模越来越大，比起只选择倾听的一方来说，善于辩论者更容易获得社会地位。传递有益的信息有助于提高群体生存的概率，愉快的说话方式可以降低成员的压力，同时还会带给他们亲密感，提高性吸引力。人类的语言进化得越来越复杂，意味着语言有利于生存和繁殖。

早期智人的生活方式与尼安德特人相似。但大约从 4 万年前开始，出现了新的生活方式。这一时期，智人与现代人的脑器官等基本不存在解剖学上的差距。不过也正是在这一时期，人类语言发生了历史上最令人吃惊的变化。该变化比起生物学变化，与群体迁移和生活方式的变化关系更密切。

智人群体的成员逐渐增多，社会合作越来越活跃，活动半径越来越大，能够毫无障碍进行沟通的必要性越来越凸显。罗宾·邓巴指出，语言是取代理毛的最有效的社交行为。语言构建了群体的主体性，使整个社会融合在一起。在水源供给丰富的江河流域形成村落，与周边的村落，甚至有时也和远处的村落交流信息并进行交易。社会变得越来越复杂，沟通也得到高度化发展，其使用的单词数量也大幅度增加。单词与单词的一部分结合起来形成新的单词，句子与句子结合起来构成了可以表达各种意义的句子结构。

　　从该时期的化石中可以发现骸骨周边有象牙或贝壳加工而成的项链或耳环等装饰物和雕像，看起来像是在举行葬礼。人们还发现有可缝制衣服的骨针和将石器与木头结合的鱼叉、鱼钩，甚至还有刻着花纹或附着涂料的、维持了原有纹路打磨成的石刀或石斧头。阿尔塔米拉洞和肖维·蓬达尔克洞穴中发现的壁画，在表现远近距离感的同时增加了幽默与质感，彰显了丝毫不逊色于现代艺术的精巧与创意。另外，古人类还用骨头、象牙、石头、树等制

阿尔塔米拉洞的壁画

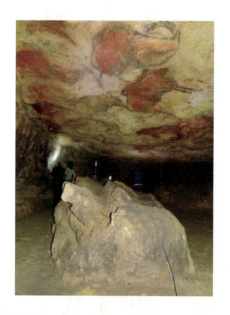

据推测，西班牙的阿尔塔米拉洞大约出现在 18 000 年前，洞窟总长度为 296 米，洞中有长 18 米、宽 9 米的壁画，上面刻着野牛、猛犸象、鹿等动物。该壁画借助了岩壁的立体形态，用涂料表现出生动的色彩。1985 年，该洞被联合国教科文组织列入《世界遗产名录》，但游客导致了壁画受损，所以现在不对外开放

造表现手、动物、象征符号以及时间流逝的工艺品。他们推想出一些超人的力量或现实中不存在的东西，并将其表现出来。他们好奇这些现象是如何产生的，努力阐述这些现象。他们几乎可以用完整的句子来表达信息、想法以及感情，利用"象征"分离出低级的信息，从而将其概括成高级的概念。

象征语言带给我们令人惊讶的礼物，使顺应自然生活的聪明的动物——人类有了新的发展。这就是集体学习的

开始。每个人相对于动物来说都不是什么特别的存在。但作为一个物种的人类，通过集体学习形成了强大的适应机制，开启了进化时间所无法比拟的高速发展的"文明"时代。托尼·麦克迈克尔主张集体学习改变了一切，这意味着自然历史上出现了最早的文化。集体学习使采用不同方式生存的集体或共同体，通过灵活使用语言交换信息，使其技术或生活方式都产生了重要的变化。由此获得的知识、想法、技术与以往的方式结合起来，传递给后代，进一步加速了知识积累。集体学习的发展，促使人口增长，促使技术发生革新，社会规模就变得更大。与此同时，人类得以在任何环境中生存，从而在某个瞬间，打造出适合自己需要和需求的环境。

我们之所以能够看得更远，是因为我们站在了巨人的肩膀上。爱因斯坦之所以能提出相对论，得益于牛顿等科学家此前积累的知识。今天，我们站在人类祖先的肩膀上眺望未来，那么什么在前方等我们呢？

5

文化基因——模因
与从容的适应能力

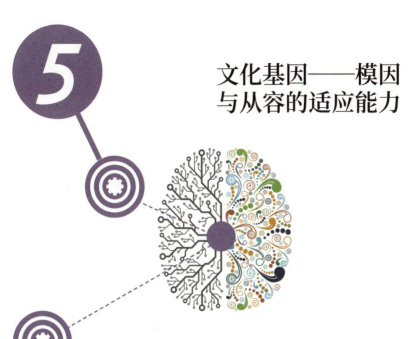

大历史学家大卫·克里斯蒂安指出促进集体学习大体需要两个原则。一是信息网络的大小。用线把点与点连起来的联系网被称为网络。家庭网就是自己与父母、兄弟姐妹相互连接形成的，脑的神经元网络是各个神经元之间电信号连接的产物。连接 3 个点的线有 3 条，连接 10 个点的线有 45 条。连接线比点增加得更多。那么，把两个由 10 个点组成的网络连接在一起会怎么样呢？20 个点组成的网络会出现 190 条连接线。即便仅用点来表示，也会发现增加了很多，当通信、交易、文化网络连接在一起时，则会形成更巨大的网络，网络的多样性与复杂性也会飞速增加。

信息网的大小随着共有信息的成员数量的增多或信息

的多样性而得以伸展。人类最古老的祖先形成了最多由大约 50 人组成的网络。但到了智人时期，根据邓巴数应该形成了规模在 150 人的网络，群体规模增大。早期，他们也是在家中交换粮食、物品、信息，增加亲密感。直到出现了船舶制造术与航海术等，网络才跨越海洋延伸到数百千米之外。新信息与以往的信息叠加在一起，创造出了新技术与文化，集体学习的威力更加突出。

二是信息交换的有效性。信息交换使人们与其他群体的接触频率越来越高，以沟通为基础的信息交换方式高度发展。地理因素、交通、社会风俗、文化差异等，导致信息交换变得不同。

随着规模的增大和密度的增高，集体学习发展出一种能够协调新的社会关系的组织。此外，为了维持集体的生存，食物生产技术得到了发展，形成了维持秩序的法律与规范。群体内部交换的信息与商品使人们开始思索交换方式，这种方式逐渐向周围社会扩展，构成网络。扩张的网络通过与新群体的接触，进一步增大了信息网络，知识能力上升，技术进步，促进了社会的发展。就像相互咬合在一起转动的齿轮一样，人口增加促进了集体学习和技术革新，维持了更大规模的共同体。10 万年前，世界上大约生活着 50 万人，而网络的扩展则使 1 万年前的地球人口超过了 600 万。

人口增加

技术革新

集体学习

　　最初的集体学习源于生活在非洲的人类祖先。但三个齿轮真正相互咬合转动，是从人类离开非洲大陆，扩散到全世界开始的。分子生物学家采集世界各国人的基因，比较了他们的变异和频率。人类祖先从非洲出发，经过欧洲与西亚，来到亚洲，进入大洋洲与太平洋上的小岛，最后到达美洲。我们很难找到证据证明他们是怎样移动了这么长的距离的，不过据推测，多巴火山喷发等环境影响是其中最大的因素。

　　在相当长的时间里依靠狩猎-采集生存的人类祖先中，只有智人生存下来，10 万年前，全世界约生活着 50 万人。到了 1 万年前，三个齿轮不断循环，地球人口超过了 600 万。网络变得拥挤，仅仅依靠狩猎-采集已经不能维持其规模。满足人类需求的粮食生产成为必要的技术，网络中产生了令人惊讶的变化。种植作物、饲养家畜的农夫出现，新的食物开始出现在餐桌上，饮食习惯发生了变化，如同智人发生的变化一样，人类网络也发生了质的变化。这种变化在过去 1 万年里，成为"人类文明大发展"的文化进化的基石。

农夫的饮食与基因突变

　　直观来看，狩猎-采集者的生活，不如种植谷物、养家畜的农夫宽裕。比起终日流浪寻找食物，种植作物并在土地周围定居，每天清晨收获鸡蛋、牛奶，这样的生活看起来更舒适。马歇尔·萨林斯主张狩猎-采集者的生活更富裕。他们平均一天要用 4~5 个小时寻找食物，在获得充足的能量后，就可以享受余暇。不过，开始农耕之后，人类的平均劳动时间延长为 9 个小时。食物也从脂肪、蛋白质等较多的肉类，变成了以碳水化合物为主的米饭和面食。由于人类的身体适应了高脂肪、高蛋白的食物，所以早期的农夫在适应新的饮食习惯之前，生活比较辛苦，还经常挨饿。

在大而紧密的群体里，有利于生存的突变基因流传下去的概率变高。另外，该基因向整个群体内部扩展的速度也越快。即，原本10万年出现一次的突变可能500年就发生一次。环境改变后，比起成为优秀的猎人，适应农耕社会更有利于生存。在早期农耕社会的困境中，人类的基因进化成适应新食物作为能量源。

灵长类唾液中的淀粉酶是一种可将淀粉分解成葡萄糖的酶。比较黑猩猩与人唾液的淀粉分解程度，可以发现人类唾液中含有更多的淀粉酶。不过对于早期农耕时代的人来说，分解碳水化合物的酶不足，虽然饮食习惯发生了变化，但身体并没有适应新的食物。即便吃得再多，摄取的营养成分也不足，所以他们的平均身高反而缩减了10厘米。贫血和龋齿严重，佝偻病、坏血病（维生素C缺乏病）、脚气病等因维生素缺乏而导致的疾病增加。农耕开始后的数千年是一个过渡期，适应改变了的饮食结构的突变开始出现并扩散。

这些突变的结果中，具有代表性的事例就是牛奶的消化。大部分哺乳动物都只在母乳喂养期能够分泌分解母乳中的乳糖的酶；一旦断奶，就不再产生这种酶。人类也是

如此。但自从人类饮用家畜产的奶后，一些成年人身体中就产生了分解乳糖的酶。能够持续产生乳糖酶的突变基因大约出现在 8 000 年前。一旦人类可以消化乳糖，牛奶就变成了性价比很高的食物。由此，人类适应了新的饮食，营养状态实现了质的飞跃，稳定的食物供给促进人口飞速

人畜共患病

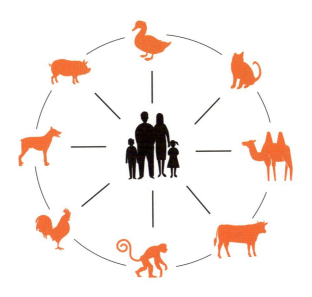

也向人传染的动物传染病被称为人畜共患病。这类病主要从牛、猪、鸡、鸭、狗、猫等家畜开始传播，主要发病原因是寄生虫、细菌、病毒、螨等。典型的传染病有艾滋病、禽流感、严重急性呼吸综合征、中东呼吸综合征

增加。

　　但在人类适应新饮食的过程中，也出现了新的威胁。人类开始定居之后，与家畜一起生活的农夫从动物身上感染了疾病。并且，人们生活得越来越密集，疾病传播的速度加快。麻疹、狂犬病，以及禽流感、中东呼吸综合征等

都是由动物传染给人的疾病。鼠疫在人类历史上造成较多人死亡，成为世界人口锐减的原因。新的威胁随着扩张的网络移动，随着商人、朝圣者、军人等的移动延伸至整个网络。

农耕是使人类文明发生变化的转折点。农耕使信息网络快速扩张，改变了信息交换的方式。为了适应农耕社会，产生了生物学的进化，由此引发的生活方式的变化又带来了新的威胁。农耕造成的选择性压力给人类社会带来了不可逆的变化。

剩余物品造就了阶层，也产生了不直接从事农耕的工作。能够交换物品的钱，以及代替钱而出现的信用交易方式促进了商业和贸易的发展。保护财产与秩序的规范和法律，以及处罚违反法律的人的权威体系开始出现，历史以文字的形式得到记录。为了占据领土，人们发明了用于攻击和防御的武器，建立了殖民地；发明了能够获得更多能源的技术，以蒸汽为动力的机器运转起来，工厂与发电厂的烟囱开始冒烟。移动速度更快、行驶更远的船、汽车、火车、飞机被研发出来，邮寄、电话、互联网的出现，使交换新闻和信息的方式与速度都发生了改变。

人类聚居的地方产生了舞蹈与歌曲，讲故事的人带给人们欢愉。也有了支持画画、雕塑、作曲的人，出现了令人惊奇的建筑物以及让全世界为之动容的演出。不仅在过去 600 多万年的人类历史上，甚至在 38 亿年的生命史上都不可能见到的事情，在不过 1 万年的时间里扩展到全世界 75 亿人组成的网络中。

新的克隆者，文化基因——模因

进化生物学家理查德·道金斯在其著作《自私的基因》中指出，人体中进行着与生物学中的基因类似的复制，偶然发生的变异会传递给下一代，这就是进化的文化基因——模因。

他指出，语言、服装与饮食、意识与习惯、技术与艺术、建筑和宗教等可以统称为文化，这些也像基因突变造成生物学进化一样进化。在人类的历史中，文化以人类卓越的模仿能力为媒介，由人脑向人脑进行传递。模因在人类制造的文化环境中，因强烈的心理魅力被选择，以往的模因像基因一样，与新的模因混合、替换，发生进化。就像我们的脑子为了说话而动员了整个脑中的回路一样，要创作一部音乐剧，需要把剧本、歌曲、舞蹈、舞台、照明等各种模因结合在一起，并使其像基因一样发挥作用。道金斯指出，人类与动物的决定性差异在于人类死后，除生

《自私的基因》

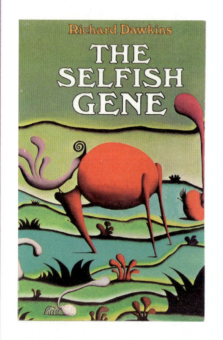

理查德·道金斯的著作《自私的基因》于 1976 年问世，道金斯以达尔文的进化论为基础，从基因的视角提出人类与其他动物一样，不过是自私的基因的生存机器。他科学地分析了人类的进化，同时深刻叩问了人类的本质。该书在出版 40 多年后仍然深受世人瞩目。这也是最早向大众介绍模因概念的图书

物学的基因之外，还会留下模因。个体留下的基因经过几代人会减半，而像贝多芬的《命运交响曲》等，达尔文的《物种起源》等书籍，爱迪生参与发明电灯等模因则会保留下来，过了数十代也依然存在。

受道金斯的影响，将模因学体系化的苏珊·布莱克莫尔指出，造就了人类模仿能力的第二种复制因子——模因成就了人类的独特之处。根据布莱克莫尔的观点，人类在进化

过程中，不仅发生了自然选择下的基因突变，而且根据鲍德温规则，善于模仿的基因承担了指南针的作用。模因向基因施加压力，产生帮助模因扩散的工具。巨大的脑、社会性、利他行为、语言、发明、宗教等都是为促使成功的模因扩散而设计的结果。该主张与理查德·道金斯的自私的基因假说一样，都非常具有挑战性，大历史对该主张非常感兴趣。大历史也承认模因是制造人类文明的文化进化的媒介。

鲍德温规则

在进化论中，生物只继承遗传性状，某个个体在生存期间通过学习、经验、改善而获得的特性是无法遗传的。即便做了双眼皮手术，双眼皮也不会遗传给子女。1896 年，心理学家鲍德温指出，后天获得的特性不会遗传，但为更快适应新环境或为了适应生存而学到的技术、信息等学习能力，则可以持续传递。例如，生活在海水里的某种捕食者，就不能生存在淡水中。所以，为了避免被这类捕食者吃掉，小鱼会迁移到淡水与海水交接的地方。在盐分低的水中游泳的捕食者就不会挨饿，可以生存下来，最后留下了适应淡水的基因。这样获得的特性会影响基因的选择。再比如，某种带斑点的花有毒，而某种没有花纹的花有蜜的话，那么，人们就会对花的样子产生偏好。香味可以成为判断是否可以食用的要素。如果由此产生了了解什么花可以食用的能力，将有利于生存。即，对于善于学习、模仿的基因产生的好感，会作为选择性压力促进进化。

模因复制新的想法或行为，如工具制作、舞蹈、语言、农耕、发明、习俗、宗教在复制过程中添加新内容或删除部分内容。模因喜欢更擅长模仿新模因的基因，使选择性压力发挥作用。在当代，成功的模因成为择偶时的适应度指标，并遗传给下一代。

此外，模因使信息在网络中更有效地扩散，打造出了提高社会连接性的复制工具。文字体系通过记录使模因的寿命延长至半永久。数千年来，人们一直相信地球是宇宙的中心，直到约 500 年前，这种主张才被推翻。虽然地心说已经没有什么市场，但仍留在模因记录中并流传至今。印刷术使通过文字、图画形式得到记录的模因忠实于原本的复制，以更快的速度扩散。通信、广播、电视、互联网也是使模因有效扩散的复制工具。我们在各种信息活跃交换的网络中，通过集体学习，复制、选择模因，将其作为进化的原材料加以利用。模因所引领的文化进化的速度，是生物学进化速度无法比拟的。

人类文明开始后，先后经历了农耕社会的开始、全球化网络的形成、工业化三次大转变。每次大转变都产生了很多模因，它们相互融合，使世界发生改变，无法再回到大转变之前。这里，引发决定性变化的模因被归结为个别具有卓越的洞察力与才能的人的功劳。这里有

几个典型的事例。尼古拉·哥白尼的日心说、达尔文的
进化论、纽科门与瓦特的蒸汽机、麦克斯韦的电磁学、
爱因斯坦的相对论、沃森和克里克发现的 DNA 双螺旋结
构等，就像突变的基因引发了进化一样，也促进了文明
的快速进化。

追求美的本能

在网络上检索资料时，若输入的网址错误，网页就会
显示"404 page not found"（404 错误，找不到页面）。该
信息相当于被抛弃的垃圾页面。不过，也有人利用该网页
开展寻找失踪儿童的活动，或通过设计举办有关环境信息
的展览。2016 年，首尔市就举办了"404 not found：'自
然环境之月'图像艺术展览"。

纽约环境美化院的纳尔逊·莫利纳将人类丢弃 20 年
以上的垃圾集中起来，开办了一家博物馆。人类学家罗
宾·奈尔格指出，这是可以了解纽约人生活文化的珍贵的
展览。

人类到底为什么赋予错误页面或垃圾"无用的高档"
价值呢？追求美与价值是不是人类的本性呢？人们也许想
过，社会和文化造成人们对美的认知标准不同，舆论或媒

404 page not found

PAGE NOT FOUND

(p. s. see you soon)

浏览网页时出现的错误页面，有人将其精心设计

体对美的标准进行了人为的调整。人们普遍认为，美及美的标准都是相对的。

不过，心理学家南希·埃特考夫指出，追求美是人类基因中的本能，所以存在评价美的绝对标准。给出生 3 个月的婴儿看美女或帅哥的面部照片时，他们会比看那些不漂亮的面孔凝视更长的时间。婴儿不喜欢没有表情的面孔，更喜欢带有微笑的面孔，喜欢对称而非不对称的物体、场面或原色。与视觉上的喜好一样，婴儿对韵律敏感，喜欢重复且有节奏感的声音。婴儿时期脑部还没有形成由经验和学习塑造的回路，这些行为意味着他们先天喜欢对称图形、韵律。埃特考夫指出人类为了繁衍后代，获得有利的生存地位，拥有喜欢漂亮女性和有魅力的男性的本性。埃特考夫的主张受到了批判，批判者认为该主张过于轻率地将美归于个人的主观感受。

神经学家查特吉提出，我们在认识美时有三个标准。他认为个人的主观感受也反映出有关集体生存的要素。第一个标准就是标准化的面孔。查特吉以 1878 年弗朗西斯·高尔顿所做的实验为例，当时这个实验将数十名罪犯的面部组合起来制作成了头像，该头像打破了人们的预想，竟然是一张非常有魅力的面孔。混合很多人的面部特征形成的平均脸孔，其遗传的多样性和环境适应能力更为卓越。我们感觉混血面孔更有魅力，原因也在于此。第二个标准就是对称性。灵长类学者德斯蒙德·约翰·莫里斯主张黑猩猩也喜欢对称、重复、规则。对称是健康的指标。不仅是人类，所有动植物中，非对称往往由寄生虫的感染、疾病、遗传缺陷引起。第三个标准是激素的作用。在寻找配偶时，雌激素和睾酮与能让异性感受到魅力的要素发生关联。雌激素形成向男性传递女性魅力的脸部特征，如大眼睛、厚嘴唇、高颧骨。睾酮形成强调男性魅力的浓眉方脸。

美人的面部

人脑感受到均衡对称的混血面孔很美丽。另外，漂亮女性的面孔受到
雌激素的影响，表现为大眼睛、厚嘴唇、高颧骨

查特吉指出，当我们看到漂亮的人时，脑中处理面部信息的视觉领域和负责回报、快乐中枢的中间神经元会同时发挥作用。我们的脑将视觉与快乐结合起来，无意识地对美做出反应。甚至我们的脑还可以反射性地将美与善的道德情感结合起来。这种对美的追求使在社会集体中拥有魅力外貌的人获利，反之，则受损。这样的结构也令人担忧。如他所言，对漂亮的人和长得难看的人制造的社会不平等的本能，是不是因为对人类的生存有利才一直持续到现在呢？

心理学家尼古拉斯·汉弗莱指出，我们在学习事物分类的过程中，产生了有关美的取向。当我们在区分或分类事物时，美丽的结构容易判断，因而会引发大脑做出肯定的反应。心理学家洛夫·雷伯、诺波特·施瓦茨、彼得·温克尔曼也以大脑对美带来的愉悦做出的肯定反应为基础，对美下了定义。人脑能够快速处理对称、重复等有特征的视觉信息。脑其实不喜欢对称本身，只是因为在信息不足的情况下，"对称"容易认知和做出判断，所以才喜欢对称。人脑会对能够迅速处理的信息做出肯定反应。美的愉悦可以让思考变得从容，可以提高判断力和解决问题的能力，可以使回报体系发挥作用，提高学习能力。那么，我们一般所感知到的美是什么形态的呢？

最典型的就是分形。给人们分别看平凡的树和具有分

分形

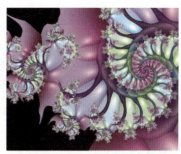

各部分大小、形状与整体的形状统一或相似并且反复出现的几何形态被称为"分形"。这种形态还包括以较为鲜明的形式出现在不规则和碎片化的大面积外观上。鹦鹉螺（左侧）等生命体或云朵、雷电、江河、海岸线、树枝上常见规则碎片结构，因为人类喜欢，所以也常被用于设计艺术（右侧）和景观美化

形结构的树时，95% 的人喜欢分形的树。当我们看海边或树丛的照片时，如果有分形结构，我们的压力反应也会降低，积极反应则升高。我们的眼睛在观察事物时，会更集中于事物的边缘部位，因为边缘在认知分形结构时发挥更重要的作用。我们在复杂、没有规则的自然中发现规则时，能从容地处理各种信息，所以喜欢分形。这是一种美妙的感觉。

　　理查德·拉多指出，脑处理的信息越简单，对美的感

受就越强，该状态被称为"美学原型"。人们更喜欢垂直
线与水平线这种线条分明、事物和背景对比明确的场面，
而不是倾斜角度。人们喜欢自然风景而不是城市风情，尤
其喜欢有水有树的风景。比起我们周围常见的树冠呈圆形
的树木，我们更喜欢热带草原上的枝叶向上茂盛伸展的树
木。更有意思的是，让人们在丛林、落叶林、针叶林、沙
漠、热带草原中选择自己最喜爱的风景时，年纪轻的人大
都选择热带草原。对于该实验，生态学家戈登·奥里安认
为人类祖先曾长期生活在热带，当时常见的树木形态对人
类的这种认知产生了影响。有关热带树木的模因影响了美
学判断吗？

追求美的本能使视觉能力、认知事物的能力、判断力、回报体系等脑的各种领域长期联合形成回路。该回路与美有利于生存、繁殖、安全等所谓好事物的肯定情感相连。所以，进化能够快速了解和判断有利于适应的形态。

艺术的愉悦与从容的适应能力

电影开始前的黑幕时间，飞机起飞之前张望窗外，期末最后一门考试结束铃声响起，在大学录取名单上发现自己的名字，向喜欢的人告白并等待回复，把小孩一下子拥入怀抱……我们只要想象一下这些瞬间，就能模仿那时的感情。钢琴家在纸质键盘上弹奏贝多芬的《命运交响曲》时与想象弹奏该曲子时，脑的同一部位都发挥作用。左投手在观看其他投手的投球场面时，或想象自己扔球的场面时，实际也是大脑皮质中控制左臂运动的区域在发挥作用。通过这些被称为表象训练或想象训练的训练方法，我们靠想象就能感知与实际一致的感情和感觉。

人类发挥想象力在洞窟墙壁上画了牛群，看到星座的形状想象出了将虚荣心强的女王倒挂起来的故事。人们雕刻大理石做成了维纳斯，找到音阶谱写了《幻想即兴曲》；可以只用脚尖站立，旋转数十回，逆重力腾空起

仙后座

仙后座是在北半球天空中可见的一个 W 状的星座。关于仙后座，有一个传说，据说爱慕虚荣的埃塞俄比亚王后卡西欧佩亚引起了神的众怒，只好将女儿作为祭品献给神灵，她自己则被倒挂在椅子上接受惩罚

舞，也可以用高八度的声音唱咏叹调；能移动巨大的石头修建神殿，还可以用色彩斑斓的玻璃制作窗户。

人类的想象力与好奇心碰撞，从而找到了世界运转的定律。人们跑着跑着忽然停下时就会摔倒，月亮不会掉到地球上，葡萄酒晾在外面很快就会馊掉，墨水会溶于水，

音乐剧《猫》

1981 年，英国音乐剧作家安德鲁·劳埃德·韦伯将 T. S. 艾略特的诗集《老负鼠的猫经》搬上了舞台。城市昏暗的街巷中，猫咪们开起了舞会，先知降临，将从这群猫中选择一只与其一起飞到天上。化装成华丽的猫的数十名演员在超现实的舞台上舞蹈歌唱。该音乐剧中有世界名曲《回忆》（*Memory*）等优美的插曲，有研究猫的习性后对猫的动与静的精心演绎，还有专业舞蹈演员们水平极高的演出，是名副其实的综合艺术

烧开水的壶盖会发出声响，这些都是我们日常生活中感受到的现象，对这些现象的好奇心驱使人类提出了假说，然后经过对假说的考证，最终发现了物理、化学、生物学领域的各种定律。这些定律与技术相结合，形成了工具、治疗方法、机械等，与艺术结合形成了戏剧、电影、音乐

剧、歌舞剧等综合艺术，也发展出了杂技、有舵雪橇、特技跳伞、潜水等需要装备的各种新运动。我们是怎么创造出如此多样的知识和文化并进行传播的呢？

艺术只出现在人类身上。没有任何一种动物可以用各种乐器组成交响乐团，或制作能表现虚拟世界的虚构人物的电影。我们的听觉神经与认知美时的表现一样，能够快速处理和谐的音乐和有规则的韵律。令人愉悦的音乐、有条理的话剧以及好看的音乐剧等艺术能够带给我们愉悦等积极情感。积极情感可以带来心理的安定，使认知更加从容。从容、有创造性的思考还有助于在各种情况下解决问题。积极情感还可以被周围人模仿，加深社会集体成员之间的凝聚力，提高决断力。集体的决断力有利于生存。

我们可将虚构与事实分离开来进行思考，根据状况判断信息的真伪。以对虚构的某种实体的共同信任为基础进行合作，提高纽带感。我们利用通过艺术获得的积极情感，以及通过从容的能力，积极主动适应快速变化的环境。就像语言促进了集体学习一样，艺术的模因也使愉悦这一回报体系发挥作用，去挑战困难的事物。在此过程中感受到成就感和纽带感，获得可持续坚持的力量。当我们得到的不是来自外部的回报，而是来自内部的快乐的话，学习能力就会得到更大的提高。内部动机得到强化，新事物的壁垒就越低，可以更从容地适应。这样的适应机制使我们的意识适应了生物学进化的速度，并使我们追上过去 1 万年里以惊人速度实现飞跃性发展的文明的变化。

6

超越智人

我们现在不是自然选择，而是人类选择，它影响着包括人类在内的大多数动植物的生存。化学家保罗·克里斯蒂安将工业化导致的人类与环境关系发生变化的时期称为"人类世"。虽然这一时期的具体时间略有差异，但尤瓦尔·赫拉利也指出，在大约 7 万年中，地球生态界中只有人类是占绝对地位的变量，所以他也将该时期命名为"人类世"。他特别指出，当今世界上人类及人类饲养的动物占据全世界大型动物的 90% 以上，并对此前生命史上从没有一个物种能将多样的生态界变得有利于本物种的生存这一事实深表担忧。

人类典型的宠物——狗的祖先是原本生活在北美地区的灰狼。灰狼在约 1 万年前开始从人类这里得到食物，进

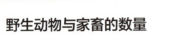

野生动物与家畜的数量

野生动物	VS	家畜	
野生狼	20万只	VS	4亿条	狗
狮子	4万只	VS	6亿只	家养猫
非洲水牛	90万头	VS	15亿头	牛
企鹅	5000万只	VS	200亿只	鸡

尤瓦尔·赫拉利在《未来简史》中展示的野生动物与家畜数量之间的比较，他担心百年来人类给地球造成的影响超过使恐龙灭绝的小行星撞击

化成温和、社会性基因发达的狗。该时期，人类通过农耕增加了碳水化合物的摄入量，狗身上也出现了比狼更多的可以分解碳水化合物的基因。

在自然生态界中，一个物种受另一个物种的影响而使基因发生变化需要数千年的时间。从开始农耕到人工选育产生可食用的个体，例如从开始栽培作物到出现适合食用的玉米，中间经过了3000年。

育种与转基因生物

育种是通过引种驯化、定向选择、人工杂交以及其他手段，改造动植物的遗传特性，从而培育出优良品。在众多品种中，分离出使用价值高的个体，将其进行繁殖或对拥有卓越性质的品种进行人工繁育，得到有用的性状，使特定的突变基因得到扩散。无籽西瓜就是典型的例子。遗传修饰生物体（转基因生物）是为了提高动植物产量，或为了使其有利于流通、保管，而对其基因进行重新组合或用基因编辑技术人为添加原来没有的性状，或去掉某种特殊性状，形成新的品种。最早的转基因作物是培育过程缓慢，不容易变软的佳味西红柿。冬天的草莓也是将具有耐寒性质的比目鱼基因与草莓杂交育成的。目前美国耕作的 80%~90% 的玉米、大豆和棉花都是转基因作物。

美国的转基因作物市场占有率

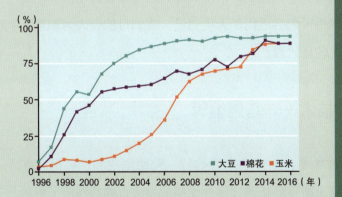

1994 年，最早的转基因作物佳味西红柿投入生产后，美国转基因作物的市场占有率增加到 80%~90%。基因被改变后，对除草剂产生耐药性的大豆、棉花、玉米的收获量大为增加。

但人类在不过 1 万年的时间里，就使全世界 90% 以上的大型动物受制于人类，这就是文明的威力了。我们为了从自然界中获得更多的能量，砍伐树木、开采煤炭石油，使用天然气和太阳能。我们为了维持体量巨大的文明的发展，将山地夷为平地，将树林与江河改为农田和道路。工业化的发展，使有害物污染了土地和大气，野生动物的生存空间越来越小，结果导致无数动植物灭绝。我们把自然界中对人类有利的动物之外的其他没来得及适应变化的物种挤压到了边缘地带。人类站在了威胁生态界多样性的位置上，从而使生命体的设计受到人类选择的影响。人类通过技术制造了新的生命体，这意味着将来某一天这项技术也可能会适用于人类自己。我们可能会人为制造人类进化的新阶段。

神的技术——基因编辑

1978 年，生理学家罗伯特·爱德华兹和产科医生帕特里克·斯特普托通过体外受精的方法，成功制造了世界上第一个试管婴儿路易丝·布朗。他们长期研究不孕夫妇可以生育的体外受精的方法，最终获得了成功。35 年后，路易丝·布朗给两位寄去了感谢信。

"我出生的时候，很多人都说试管婴儿是挑战神与自然意志的行为的产物。但这很成功，也很有意义。我的人生只有开始时与其他人不同，其余都与他人无异。"

40多年前发明的体外受精法使数百万不孕夫妇当上了父母。2015年，中国的科学家首次成功编辑了人类胚胎的基因。此后，因伦理争议而受阻的人类基因编辑技术的研究得到了积极的推进。有关人类胚胎的基因编辑的研究成果陆续被公开。已经在老鼠、猴子等哺乳动物实验中取得成功的基因编辑技术，也达到了可以充分适用于人类的程度。即，无论是以治疗为目的，还是以改良某个特性为目的，通过改变特定的基因，将其注入早期发育阶段的胚胎，使其在子宫着床，从而孕育婴儿。从DNA双螺旋结构最初被发现到设计人的生命的神的技术被人类掌握，不过60多年。我们经历了怎样的过程，开启了真正的基因工程的时代？

1953年，詹姆斯·沃森与弗朗西斯·克里克发现了DNA双螺旋结构后，基因编辑技术得到了飞速发展。1973年，人类成功重组了细菌的基因。1974年，使用经过基因修饰的病毒感染早期小鼠胚胎细胞的实验获得成功。1981年生产出了被改变基因的食用作物佳味西红柿。

1990年，人类基因组计划开始。1994年开始，转基因食品热销并在商业上取得成功。1996年，胚胎学家伊

胚胎发生与干细胞

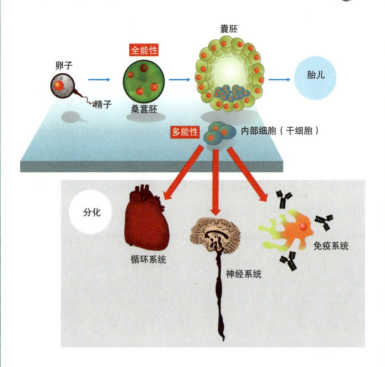

卵子与精子形成的受精卵，成长为胚胎，通过细胞分裂，分化为各个器官，成为成体的过程就是"胚胎发生"。早期的桑葚胚由具有成为任何可能的全能性细胞组成，到了囊胚阶段，形成包括心脏、脑、肾脏等各种身体组织的是多能性干细胞（因为无法形成胚胎外部组织，所以将其看作多能性）。干细胞分化成特定细胞后，无法再成为其他细胞

CRISPR（基因编辑技术）

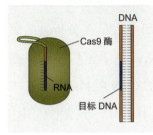
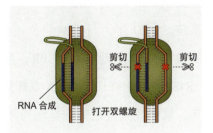

CRISPR 系统找出特定的碱基，在目标 DNA 碱基序列中用 Cas9 限制酶合成 RNA 进行剪切。在剪切的部位插入新的 DNA 片段，以此对基因进行编辑。人类体内约有 30 亿个碱基对，CRISPR 系统剪错的可能性几乎为零。该技术相比其他基因技术费用低廉，花费时间也短

恩·威尔穆特第一次成功克隆了哺乳动物，这就是小羊多莉。1998 年，人类又成功实现了分离、培养人类的干细胞。2003 年，人类基因组精细图基本完成。

2012 年，准确找到并剪切人类等所有生物细胞中的目标基因的编辑工具 CRISPR 系统，已被人类掌握。CRISPR 系统是引导"DNA 革命"的最有影响力的科技成果，称得上人类历史上最重要的十大发现之一。该技术被发现于细菌的免疫系统里。细菌的 DNA 感染了噬菌体后，可以记忆噬菌体的 DNA 碱基序列并对其进行剪切。

当噬菌体侵入后，重新找出被记忆的噬菌体的碱基序列，将其剪开，引起免疫反应。履行该功能的就是 CRISPR 系统。2007 年，丹麦酸奶公司的研究人员在分析乳酸菌的过程中，发现了 CRISPR。后来，科学家们发现，把 CRISPR 与能够切断 DNA 双螺旋的 Cas9 限制酶结合在一起，就能找到特定的碱基序列并将其剪开，于是把它用作基因编辑工具。

2013 年，米塔利波夫第一次成功克隆了人体胚胎干细胞。2014 年，科学家成功使用 CRISPR 改变了灵长类动物猴子的基因。2015 年，中国科学家发布了成功编辑人类胚胎基因的研究成果；与此同时，在"国际人类基因组编辑峰会"上，各方达成协议，强化基因编辑技术的基础和临床前期研究"显然是必要的"，应在适当的法律和道德监督下继续开展。2016 年，英国使用 CRISPR，将艾滋病患者的 HIV-1 当作目标基因，通过剪切的方式治愈了该患者。但把这项技术用于人类的基因到底合不合适还需要进行充分的考量，不过，该技术已取得的惊人成果引起了全世界的瞩目。

支持人类基因编辑的人大体可以分为两类。一类是为了治愈严重遗传疾病，通过校正基因缺陷，减少痛苦。另一类是为了在出生时获得更卓越的内在特性和更好的外在

特征，从而对基因进行改良。美国初创公司寒武纪基因组学年轻的创业者奥斯丁·海因斯开发了按照顾客的期待，设计动植物的基因编码，用DNA打印机制作生物的技术。他宣称，通过基因编辑使所有人都拥有完美婴儿的时代即将到来。个子高，没有发胖的风险，不会长青春痘，没有过敏现象的健康皮肤，不会脱发，数理能力与语言能力优秀，智商高达150，几乎没有患遗传病或癌症的可能性，无论什么运动，只要一学就能获得平均以上的成绩，如果有一个这样的孩子，任何人应该都不会拒绝。然而，事实果真如此吗？

　　赫胥黎在小说《美丽新世界》中描述了一个受高科技控制的时代，这是一个人类用传送带制造的世界。政府在造人的时候，有意根据智力高低决定其优劣和阶级。高度的阶级体系成为维持该社会的制度。他通过技术至上主义者带来的令人惊叹的未来世界，批判性地展示了人类的创造和改变会对世界造成多么大的破坏。赫胥黎的哥哥朱利安·赫胥黎是著名的生物学家，也是联合国教科文组织首任总干事，他的主张与弟弟完全相反，他是超人类主义的鼓吹者，即人类通过科学技术可以超越优秀的人，成为新的物种并改变命运。

超人类主义
使用生命工学或遗传学等技术，改良基因或改造身体不完整的部分，对人进行强化。

这两位持相反观点的兄弟生活在 100 多年前，也就是说，在基因编辑技术出现之前，就已经有如此热烈的论争，并且还在继续。如果十年之内出现第一个定制婴儿，我们将又一次被指责是挑战神与自然意志。不过，假如那个完美的孩子在一个平凡的家庭中接受爱并健康成长，是一个学习好、性格好，也有很多朋友的散发着魅力的学生，长大后又成为一名有利于社会的人呢？当这个孩子迎来 35 岁生日时，人们是不是会觉得这个定制的孩子也就是出生与人不太一样，其余都与常人无异呢？说不定人们都感受不到他的人生的出发点是与众不同的。

不灭的梦想——克隆人

我们在很多神话、传说、小说和其他名著中都能发现长生不老的梦想。数学家毕达哥拉斯也希望自己能够永生。

其实最早的单细胞生物就是永生的存在。它们复制自己的整个基因制造后代，所以对于无性生殖的生物来说，不存在死亡。当生物分为雌雄并进行有性生殖，通过各自遗传一半基因的方式制造后代，就迎来了死亡。如果有人复制了我的全部的基因，那将会怎么样呢？

2001年，美国一家水族馆里发生了一件令人惊奇的事情。只有三条雌性双髻鲨生活的水槽里竟然诞生了一条小鲨。人们检测小鲨的DNA，没有发现雄性基因，也就是说雌性鲨通过单性生殖（孤雌生殖）有了后代。在自然界中极少存在只有雌性的物种。未经受精的卵子分化变成成体，极少情况下，生殖细胞可以通过单性生殖变成个体。

研究细胞生殖的学者发现，在卵母细胞（属于体细胞）成为卵子之前，可以去除里面的细胞核。由此，人们成功去除了体细胞里面的核。研究者还进行了一项实验，用体细胞的核替换卵子里的核后，看看是否还能发生正常分化。1970年，生物学家约翰·格登将青蛙的上皮细胞

克隆猴中中和华华

第一组被克隆出来的灵长类动物猴子中中（右侧）与华华（左侧），它们虽然来自不同的母猴，但基因完全一样

移植到卵子里，成功克隆了青蛙。1996 年，又使用同样的方式克隆了小羊多莉。伊恩·威尔穆特进行了数百次实验，终于成功向卵子中移植了乳腺细胞核，从而完成了哺乳动物的克隆。多莉活了约 6 年 6 个月。2018 年，中国科学院通过置换体细胞的方式，将克隆的猴子胚胎植入母

猴的子宫，克隆了两只猴子。

直到最近，科学家才成功实现了灵长类的克隆，原因在于灵长类的体细胞核置换比较困难。不过，该问题最终还是得到了解决。现在人们也能通过将体细胞核置换获得的胚胎植入子宫着床，从而实现人的克隆。目前，由于女性卵子的供需、代孕等有关伦理道德的限制，还没有克隆人的消息被报道出来。不过，如今却常见将人与动物基因结合的嵌合体研究的相关报道，日本正在进行具有人类胰腺的猪的研究。全世界已经进行了数十项嵌合体研究。

嵌合体
指的是一个个体内存在具有不同遗传性状的同种组织的现象。将种类不同的两个以上的植物嫁接，使其同时具有双方的性状，也属于嵌合体的一种。

动物克隆大体可以分为两种。一种方式是将移植了"我"的体细胞核的卵子，植入代孕的子宫里，从而生育一个和"我"的基因完全一样的孩子的生殖克隆。另一种则是通过体细胞核移植，制造一样的胚胎干细胞，然后使其长成肾、肝、骨髓等组织，从而应用于自我移植，这属于治疗性克隆。目前，全球对生殖克隆的反对声音非常高，该方式还受到限制，但在对克隆人的认知程度较低的国家，甚至都没有出台相关的限制性法律，所以有人在这些边缘地带进行着相关基因产品的开发。从技术上来说，以用于治疗的名义，在着床前挑选受精卵的性别，或为改良特定基因的婴儿提供服务在技术上，已经成为可能，没有对其进行完美限制的方法。

小说《巴西来的男孩》讲述的是战犯掌握了克隆技术，并从希特勒身上取下部分组织，克隆出 90 多个小希特勒，然后将他们送到有领养孩子需求的家庭的故事。小说中那些纳粹战犯相信，克隆儿童如果生活在与希特勒相同的环境中，就会成为与希特勒一样的人。因为希特勒 13 岁左右失去了父亲，所以战犯们在大概相同的时间把孩子们的养父都杀了。克隆人如果与供体的成长环境相似的话，就一定会长成与供体相似的个体吗？在创作于1976 年的这部小说中，可能还存在一定的可能性，但它其实与智能能否被克隆这一问题密切相关。

2013 年，中国搜集了所谓天才们的 DNA，想从中提取与智商相关的 DNA。不过智能并不与特定的基因存在一一对应关系。认知能力、记忆力、语言数理能力，以及联系-推理能力等很多属性都与智能相关，当我们使用智能时，分布于大脑皮质全域的神经元网络就会发挥作用。众所周知，神经元网络在人的一生中受到无数大大小小经验的影响。身处同样的环境，朋友、老师、宠物、媒体等相互作用产生所有的瞬间也不可能完全相同，所以即便是基因完全一样，也不会出现一样的人。就像同卵双胞胎也

《骑着珀伽索斯射杀喀迈拉的柏勒洛丰》

彼得·保罗·鲁本斯创作的画作，内容是希腊神话中的柏勒洛丰骑着珀伽索斯打败了狮子头、山羊身、蛇尾巴的喀迈拉。取材于神话中的喀迈拉，就是将形成人体特有器官的基因替换为形成猪、老鼠的器官基因的方式产生的

会是不同的人。

那么治疗性克隆又当如何？电影《别让我走》是向人们提供供体的克隆人的故事。为提供供体而出生的儿童被养育在一个特定的空间里，当他们20多岁时，就开始被实施移植手术，一直到生命结束。听说拥有真爱或有创意的克隆人的移植可能会延迟，于是他们燃起了希望，但实际上移植并没有延迟。电影向人们展现了克隆人的生命价值与期待他们的器官的真人之间存在的巨大的差异。

像电影《银翼杀手》或《全面回忆》中出现的人为

电影《别让我走》及原作小说《别让我走》

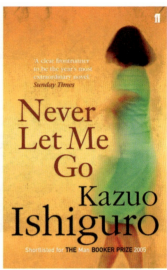

电影《别让我走》是根据石黑一雄创作的小说《别让我走》改编的。2017 年，石黑一雄荣获诺贝尔文学奖。他在《别让我走》里，质问为满足人类的欲望而制造的生命的尊严是什么

注入记忆的技术如果真实存在的话，那么把"我"的基因复制后，"我"的所有记忆就能被移植并永存吗？这件事情并不容易，就像大约公元前 3 000 年生活在苏美尔的吉尔伽美什去寻找长生不老药，想要保持永远不老一样，永远不老的梦想不过是虚幻一场。但从细胞单位的复制开始，青蛙、蝾螈、羊、老鼠、猴子等生物克隆的叙事诗始

终在延续。在 60 年多的短暂时间里，人类将编辑基因的万能工具握在手中，甚至可以在猪身上克隆人类的身体组织。那么，我们是否能够阻止克隆向下一个阶段发展呢？

合成生物学，设计生命体

玛丽·雪莱创作的小说《科学怪人：弗兰肯斯坦》描写了物理学家弗兰肯斯坦博士用死者的骨头与皮肤制作了怪物生命的故事。用科学技术创造生命的人类的欲望被歪曲，从而创造了奇怪的生物，并最终导致了悲剧，该故事给 200 多年后的我们带来了更大的恐怖。因为我们现在已经生活在可以利用科学技术设计生命，并使其按照必要的形态进行生产的时代。如若发现能够以 99.99% 的准确度解读人类的基因组，能够编辑所有生命体基因的工具的话，以往我们仅在科幻小说或电影中看到的情景可能会成为现实。

自动分析人类 DNA 碱基序列的技术，可以完全解读所有的信息并将其数字化，甚至可以分析生命体内产生的各种反应及细胞单位的相互作用，从而直接设计基因，组装单一生命体和由蛋白质构成的生物系统。模仿自然界存在的生命体，制造或合成完全不存在的新的人工生命体，这就是合成生物学。这是一门将前面介绍的基因的复制、

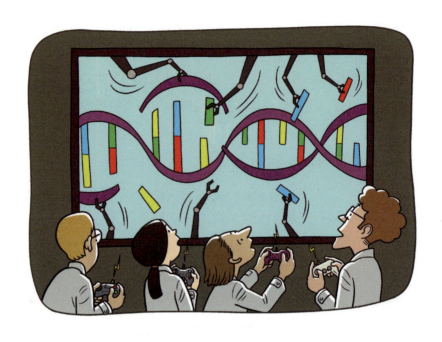

编辑技术和生物工程学、化学、信息处理学、纳米技术等各种领域的尖端科学技术融合在一起的学问。这已经是融合土豆与西红柿的基因，枝干上结出西红柿，根部长出土豆的土豆西红柿技术无法企及的水平。

　　参与人类基因组计划的美国生物学家克雷格·文特尔2010年制造了细菌Syn 1.0，这是一种简单但完全由人工合成的细菌。该细菌可以正常进行代谢活动，通过自我复制进行繁殖，创造新的生命体。有关合成生物学的研究越来越活跃，科学家们以蜘蛛的蛛网生产系统为依据，发明了既有韧性又易于加工的纤维，开发出了饱受供给不足限制的人造酶，从而使治疗疟疾的药物得以量产。标准化的生命体设计代码被称为生物积块，目前还通过网络共享，易于更多人接触。

现在的合成生物学技术已经达到了能够设计免疫细胞消灭癌细胞的令人惊讶的程度。取出植物细胞中负责进行光合作用的系统，开发出可进行人工光合作用的能源装置，合成去掉放射性能的细菌，将其投放到污染场所的方案也在尝试。人类还在进行将其他行星改造成与地球相似的环境的研究。合成生物学被当作解决新材料、药品、能源、环境污染、宇宙开发等人类文明造成的难题的工具。

但所有新技术都是双刃剑。对用合成生物学制造的禽流感病毒等给人造成致命伤害的生物恐怖打击，也增加了人们的紧张感。目前我们还不知道人类创造的生命体在伦理层面的接受程度。我们也不确定合成生物的稳定性有多高，不知道当其扩散到自然界后，会带来怎样的结果，更不确定如何限制对该技术的恶意使用。

智能设计师和智人的疑问

直到达尔文提出进化论之前，人们都深受人是"由神设计而诞生的"这一模因的影响。人类经过很长时间才接受了创造文明的人类与其他动物一样都是由偶然发生的变异根据自然选择进化的产物。不过此后不到 200 年的时间里，我们就迎来了"人是智人设计而成"的时代。人类之外的动植物几乎都被打破了自然选择的法则，出现在了智人这一智能设计者的工作目录。

基因编辑技术的出现，不仅可以让正常基因替代有缺陷的基因，还可以合成人类所没有的基因，将其重新组合，使其正常表达。过去人类经历了身份差异、性别差异、财富不平等、资源不均衡、权力滥用、习俗弊端等，但人类以后可能会遭遇高于该层次的遗传的不平等。我们是否能够阻止把用于治疗艾滋的基因治疗法用在强化健康人的记忆力上呢？假若花费 1 亿韩币就可以生育一个完美婴儿，那么那些因为父母没钱，没能成为完美婴儿的孩子长大后，会不会埋怨自己的父母呢？

如果能够利用技术改造或克隆自己的话，人类就会面临"我究竟是谁"这一终极疑问。如果能像使用眼镜、助听器等辅助工具一样，将鹰的视力、袋鼠的跳跃能力等制作成人体工程学装备，提高人类的能力，改变人类身体呢？如果身体消失，脑部的所有信息都可以储藏在计算机中呢？如果移植了自己体细胞核的卵子在子宫中着床后，又生育了拥有一样基因的孩子呢？

进化遗传学家奥斯汀·伯特提出了利用自私的基因改变所有物种的基因的方法。自私的基因可以打破 50% 被遗传的概率，强行引发基因突变。实际上为改变传播疟疾的蚊子的基因，科学家还开发出抗疟疾的蚊子并将其投放。这种方式被称为基因驱动。基因重组与克隆，从青蛙到猴子用了不过 60 年的时间。很多人预言，科学技术引发的基因改良的"后人类时代"就要到来。我们不知道智人这一物种上将会被装载怎样的基因驱动。因为我们自己也不知道，我们手握这一惊人的力量应该做什么。迈克尔·桑德尔曾言，我们应该质问："我们为了什么将该技术应用于我们？我们真的想生活在这样的时代吗？"

人工智能能够超越人类吗?

以计算机程序的形式显现出来的技术被称为人工智能。该概念出现在 1950 年，由开发计算机的图灵首次提出。他在论文里提出，如果能够进行难以区分对方是人还是机器的对话，那该机器就是可以自己进行思考的机器。像人脑可以通过神经元网络发生作用一样，人们构建了人工智能的神经网，形成了具备智能的体系。这一概念也扩展到学术领域，当计算机性能快速发展后，人工智能朝着游戏、搜索引擎、语音识别等方面发展开来。20 世纪 80 年代，计算机利用庞大的数据进行自主学习的深度学习的概念出现。2016 年，谷歌打造的阿尔法狗通过分析围棋数据，学习下围棋的方法，在与人类围棋高手李世石的大战中取得胜利。现在人工智能已经被广泛应用于医学、学

科学研究机器人亚当

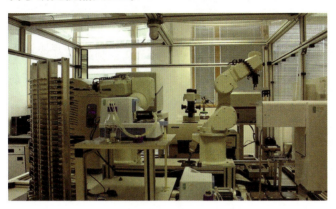

科学研究机器人亚当可以亲自挑选实验，提出假说，还可以开动实验设备对假说进行验证，并写作论文。不过，目前它还算不上真正意义上的机器人，还只能算是具备自动化的研究设施

术研究、服务业等行业。牛津大学的研究小组预计，到2033年，现有的大约46%的工种将会被人工智能替代。在不远的将来，电影中人工智能超越人类的那一天可能就会到来。

美国心理哲学家约翰·瑟尔将人工智能分为两类。"弱人工智能"是在给予特定领域或目标的条件下，通过学习，习得最合适完成目标的知识。"强人工智能"是像人一样拥有自我意识，能进行思考，几乎能像人一样行动。无论是 IBM 的辅助医疗诊断人工智能沃森，还是能够下围棋的阿尔法狗，都属于弱人工智能，智能手机或蓝牙音响上都搭载着弱人工智能。英国开发了科学研究机器人亚当，可以自己提出假说，对其进行验证，然后发表论文。强人工智能虽然在理论上有了开发的可能性，但目前还没有出现值得我们对未来担心的强人工智能。

不过，理论物理学家史蒂芬·霍金警告，超越人类的人工智能一旦出现，就会制造出比自己更优秀的人工智能。互联网是可以同时多发快速传递模因的工具，类似于储存巨大信息的原始汤。在不远的将来，就像在原始汤中出现最初的生命一样，新智能可能会在由网络连接的大数据里合成新的模因。如果以模因形态出现的人工智能拥有了自我意识的话，就可以自己发展、进化、守护自己。仅仅几年前，像人脑一样由 100 亿个神经元和数十兆突触连接的系统组成的神经网计算机还只存在于想象中，而现在已经扩展到应用人工神经网技术的翻译中。专职从事翻译的人的工作岗位可能会被人工智能替代。

对于以提款机、音响、智能手机等形态进入我们生活的人工智能来说，我们因为其便利性，而没有表现出恐惧等负面情绪。不过，搭载人工智能系统的类人机器人却不同，可以进行对话并能做出微笑的机器人，可能会诱发厌恶等负面情绪。现阶段还没有到被公开讨论的法律、伦理问题浮出水面的时候，就是没到整个社会上这种情绪开始涌动的时候。只不过到那时，人工智能技术能否等待人类做出判断，却是未知数。

从大历史的角度看
"人类是怎样进化的"

　　像电影《终结者》或《猩球崛起》一样，很多科幻电影都刻画了大部分人类消失，只有少数人生存在黑暗、阴郁环境中的故事。电影中人类文明因遭遇核战争、急速的气候变化或不明病毒等而没落，仅存人类的生活变得贫乏，工厂遭到破坏，生产停滞，难以立即找到御寒或抗暑的衣服，也无法种地，没有粮食，无法打猎，也没有肉类。即便有食材，也因为没有燃气和电力供给，无法烹制。身体不适时无药可吃，无法获得医生的治疗，也不可能享受看电视、玩游戏等娱乐。能在混乱的环境中撑过一天，都算是奇迹。

　　这样的反乌托邦世界让我们开始审视人类现在享受的富裕与便利。我们不是一个人生活，而是与无数人一起共同生存。眼下这个时间，我们可能喝着从巴西进口的橙子榨的果汁，使用着中国制造的各种产品，用美国开发的软件写文章。支撑我们日常生活的大部分产物都是由网络连接的地球的某地某个人辛勤工作的结果。由此，地球村所有成员在巨大的系统内相互合作，维持生存，可见，这是人类独有的特征。是什么让地球协作系统得以圆满运转呢？

就在 100 年前，人类还认为自己与其他动物不一样。直到 15 世纪，人类仍认为自己得到神的恩惠，因而与众不同。步入近代以后，人们开始思考只有人类才是拥有理性的有尊严的存在。不过查尔斯·达尔文提出进化论后，从根本上改变了人类是特殊存在的想法。在进化论中，人类不再是受到神的恩惠而被创造的特别存在，人类也不过是从远古时代的原始汤中形成的生命体进化而来的动物。人类文明繁盛起来，使得自然界中的任何一种动植物都不能像人类一样生存，这样的逻辑并不能被当时的知识分子接受。甚至还有人捉弄达尔文，问他诸如他的祖父母中有谁是猴子等问题。不过，当时一部分进步的知识分子最终还是接受了进化论。此后，达尔文的进化论得到科学和合理的论据的支撑，后来又有了新的发现，最终人类也出现在从生命之树延伸出的树枝上。

我们也与动物一样，是适应环境进化而来的生命体。

人类从这种认识出发，已经承认了人类的很多特性也存在于类人猿和其他灵长类中。其脑容量增大，大脑皮质发达，可以使用工具，也可以形成群体，掌握了共同生活的方式。在群体内部，反复爆发战争又恢复和平，懂得群体内部共存着暴力与利他心理。尽管如此，我们现在所享受的高度文明也只有人类才能创造出来。基因上与人不过1%差异的黑猩猩，与最古老的人类没有什么相似之处，这使人们不得不反复思考人类的独特性所在。我们种植作物，蓄养家畜。我们用纤维制作衣服，修建有暖气和能做饭的房子。我们可以修建整个村落公用的水道，修建道路，绘制地图；可以乘船跨越海洋，也可以运输某些特定地区生产的香料或资源。用写着数字和文字的纸张计算价格进行交易。为了探求知识，全世界所有的专家们会集一堂，促膝而谈。通过文学、音乐、舞蹈、美术等艺术情感方式理解对方的文化。研究宇宙的诞生，探索太阳系的各个角落，寻找地球之外的生命体，也探寻其他智能生命体发出的信号。最初那1%的细微差异，到底是怎样造成了如此巨大的差异呢？

　　曾经，我们与其他灵长类一起生活在丰饶的丛林里，然后在某一个时间节点来到了贫瘠危险的热带草原。人类最古老的祖先为了离开四周都是威胁自己生存的地区，发展了大脑。这是需要更多食物的危险选择，但结果却促进了人类的快速进化。人类适应不同环境的方式是在多支人类祖先的生活经验的基础上形成的。有的人制作工具，有的人进行集体狩猎，有的人学会了使用火。比起其他大型动物来，身体能力较弱的祖先们集聚在一起，相互协作并生存下来。在漫长的狩猎-采集时代，通过在群体内部进行狩猎-采集的分工，人类获取了多样的食物，分享、沟通情感，维持社会群体。在600万年的时间里，人类祖先的身体得到进化，通过模仿不断学习生存方式，将"模因"刻进了我们的基因里。

20万年前出现的智人在发达的脑部、可以进行高水平的思考、能够说话的身体构造的基础上，形成了使用语言这种强有力的生存技术的能力。语言可以增加人与人之间的亲密感，能够传递正确的信息。由此，人们的想法、知识和社会性都得到了飞跃性的发展。此外，复杂的句子、文字等高水平的语言体系成为人们相互交换复杂信息的手段，以此为基础，之前的那些有利于生存的技术、知识、文化不断累积，并向下一代传递。集体学习的网络超越了时空的限制，形成了巨大的、在整个地球都发挥作用的知识体系。

现在的我们，说不定已经到达了初次接受达尔文的进化论后对其进行强烈反驳的知识分子所认为的人类的独特之处，即"神圣的地位"。当时的人们在神话和小说中想象的事情，现如今已被掌握了科学技术的人类在实验室里实现了。人类已经能够深入感觉器官不能把握的细胞内部，通过分析 DNA，寻找我们基因里祖先的痕迹。科学技术的惊人发展可以将原子分解，核反应产生巨大的能量，将人类送入太空，还可以编辑、设计生命。我们编辑的生命不是 200 多年前玛丽·雪莱小说《科学怪人：弗兰肯斯坦》中出现的人造怪物，而是以药品或食品的形态进入了人类的日常。胰岛素、治疗疟疾的药物、转基因生物都是通过人工合成基因形成的。科学技术并没有止步，还达到了可以克隆猴子的阶段，甚至达到了将人类与动物结合起来，进行嵌合体实验的程度。将选定的卵子与精子结合、孕育定制婴儿的有关研究虽然没有被公开发表出来，但其实人类现在已经达到了能够实现这些想法的阶段。超越人类能力的人工智能技术已经发展到了让人难以预测人类的极限的程度。说不定科幻电影中那些机械取代人类身体所能达到的限度，压倒人类的智能和人性的故事在不久的将来就会发生。第四次工业革命说不定已经到来。

所以，我们站在大历史的角度来看待人类是怎样进化的，可以让我们从人工智能、机器人、定制婴儿等技术带来的对新未来的恐惧中解放出来。我们走陌生道路的时候会打开地图，寻找途径到达目的地。在该过程中，我们预测困难，探索克服困难的方法。通过本书，我们最想传达给大家的，就是给经过长时间的进化与适应形成的人类展现一幅大地图，让人类思考我们现在正走着一条什么样的道路。我们不能滥用自己所拥有的惊人力量，要将这些力量当作与人类共存的其他生命体共同生存的方式。这样的期待源自对人类历史的下一页不是反乌托邦的期望。希望这可以成为我们生活在艰难今日的指南。